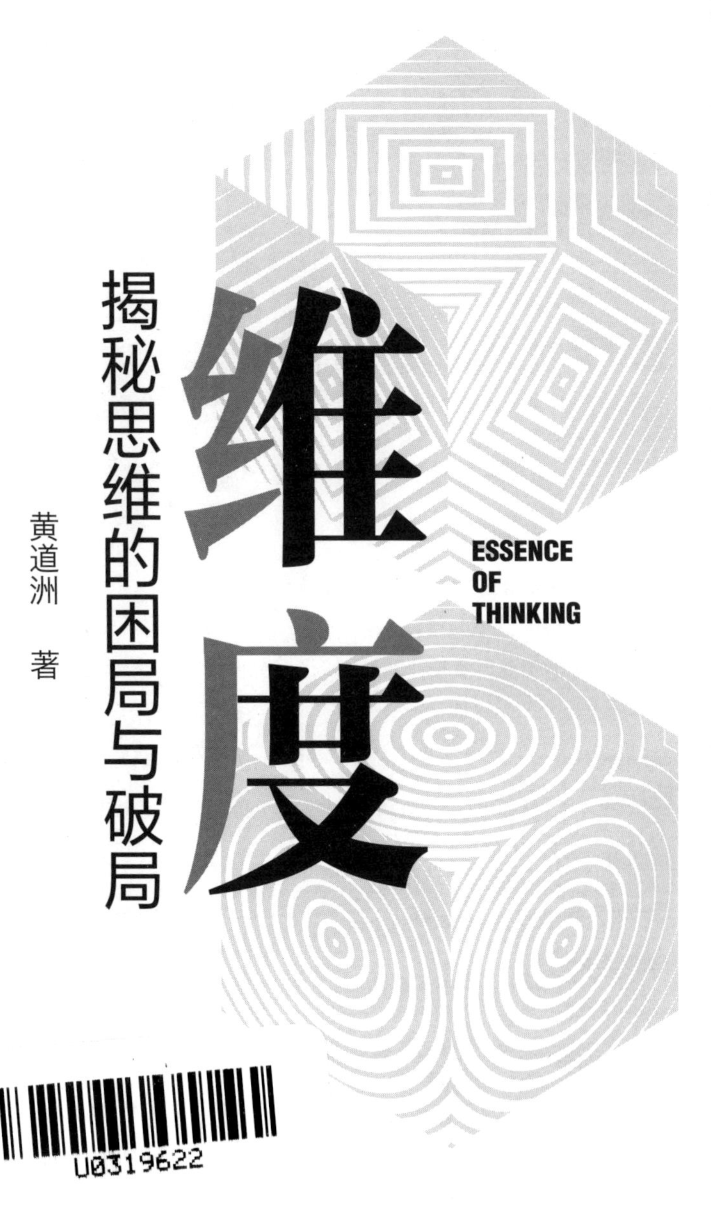

维度

ESSENCE OF THINKING

揭秘思维的困局与破局

黄道洲 著

化学工业出版社

·北京·

内容简介

现代社会，人们生活节奏快、压力大，往往缺乏独立而有深度的思考，产生较多的迷茫和困惑。不改变固有的思维和行为方式就会让人浑浑噩噩、故步自封，甚至陷入“老路重走”的恶性循环。本书针对现代人常见的思维痛点，从实际需求出发，总结了一些日常生活中比较常见的思维方式，从思维的本质、思维的困局、思维的破局三个维度进行阐述，以求为读者拨开迷雾，不断地进行自我修正、自我挖掘，从而实现人生破局。

本书将为大学生、职场人士、科研人员、家长、教育工作者以及所有想改变现状却又觉得无从下手的各类大众读者提供思维方面的助力，从而提升个人的思维能力和行为能力。

改变从思维开始，提升从思维开始，创新从思维开始，人生破局从思维开始！

图书在版编目（CIP）数据

维度：揭秘思维的困局与破局/黄道洲著. —北京：化学工业出版社，2022.11（2024.1重印）

ISBN 978-7-122-42140-1

Ⅰ.①维… Ⅱ.①黄… Ⅲ.①思维方法 Ⅳ.①B804

中国版本图书馆CIP数据核字（2022）第165075号

责任编辑：王　烨　　文字编辑：袁　宁
责任校对：张茜越　　装帧设计：张　辉

出版发行：化学工业出版社（北京市东城区青年湖南街13号　邮政编码100011）
印　　刷：三河市航远印刷有限公司
装　　订：三河市宇新装订厂
880mm×1230mm　1/32　印张9$^{1}/_{2}$　字数142千字
2024年1月北京第1版第3次印刷

购书咨询：010-64518888　　售后服务：010-64518899
网　　址：http://www.cip.com.cn
凡购买本书，如有缺损质量问题，本社销售中心负责调换。

定　　价：58.00元

前言

对思维的思考已经有近二十年的时间，前期仅仅局限于对自己、对身边一些现象浅层次的认知，比较碎片化，真正让我对思维进行系统化、逻辑化的思考始于十几年前单位组织的一次团建活动。

在那次团建活动中，有一项大家都非常熟悉的真人CS镭战游戏，该游戏是把军队实战对抗训练系统转为民用的仿真系统，同时借鉴了一些网络游戏的场景设计和游戏规则，是一种刺激又充满娱乐性的射击对抗体验项目。通过角色扮演和团队协作，在体验快乐的同时达到休闲、团建的目的。

游戏规则是将所有人员分为两个组，每组配备一面军旗作为一个独立的军事单位，组员的目标是保护己方军旗的同时夺取对方军旗，以先将对方军旗拿回己方大本营者为胜。每个组员均配备一把镭射（激光）步枪，并穿着带有镭射（激光）感应器的衣服（不是全身感应，而是每件衣服上都有固定的感应点），被射中三枪则主动退出比赛。

接到这样的游戏指令，两个组开始了自己的夺旗计划，有保护军旗的后方部队，有在周边设伏的狙击手，也有冲锋陷阵准备夺取对方军旗的勇士。

组员们围在一起探讨如何排兵布阵。

我在一边仔细分析了游戏规则和装备特点，说了一句足以让全部组员“吐血”的话：“我保证只需要三个人在五分钟之内就获得胜利。”

众人都露出惊讶的表情，这是一项要持续几个小时的游戏，他们觉得我说的话有点天方夜谭。

于是，我开始布置战术，从队员中找出三个体力好、跑得快的年轻人。跟他们说道：“两个人将另外一个死死夹住，用最快的速度冲到对方营地夺取军旗。”

“这样能行吗？还不被对方击毙？”众人疑惑道。

“没问题的，由于我们穿的衣服感应器是点位式分布，并不是全身都会感应，以他们三人的跑动速度，对方想要击中快速移动的感应点位本身难度就非常大，更何况是三枪致命。”这时，大家似乎有点相信了。

我接着说道：“为了保证夺旗手的绝对安全，所以我们要选择三个人，两个人分列左右进行保护，这样就可以万无一失。”

“那对方要是从前后攻击呢？”有人疑惑道。

“对方的狙击手肯定分布在道路两边，打中前后的概率极小，为了以防万一，他们三人往前冲时只需要跑稍微弯曲的S路线就可以了。”我补充道。

我的回答似乎打消了组员们的疑虑，没有人再提反对意见。

于是我们选出了三个跑得最快的人，将个子相对矮小的放在中间作为夺旗手，其他两位分列左右两边，三人以最快速度冲向敌方大本营。

游戏的结果不出意外，我们赢了，只用了不到三分钟就结束了战斗。两个护卫各中一枪，夺旗手一枪未中。

对方组员和教练彻底懵了。教练说道：“从来没见过你们这么玩的啊，游戏规则有明显漏洞，需要修改了。”

至于他们后来改没改规则我无从得知，也不关心这样纯粹娱乐的项目规则。

有些人看了我的这个经历之后会认为，这是偶然事件或投机行为。而我却不是这么认为，偶然也是基于从不同维度对事物本身进行分析和深入思考才达成的。虽然我们表面上看仅仅是赢了一场游戏，但这颠覆了一项游戏规则，更是一种如何分析对手、如何分析规则并抓住规则漏洞，在不违背规则、不违背道德的基础之上快速解决问题的能力，是一种思维优势。

当然我并不是在炫耀自己具有超思维能力，我相信在生活中绝大部分人都会有这样的切身经历和感受。在遇到问题时，找到一个比别人更快更有效的解决办法。就如同我们生活中的很多学霸，他们的智商和努力程度并不一定是最高的，但他们会有一套适合自己的学习方案，从而达到事半功倍的效果。

正是从那件事发生之后，我开始认真思考关于思维的一些问题，遇到问题时通过不同的思维方式进行多维度的思考和比较，在生活和工作中受益匪浅。希望我的思考能给人们带来些许感触和认同。

恰当的思维方式可以让我们做事更高效、更灵活、更有针对性，让我们思路大开，从而实现创新与突破，这是思维积极的一面。我们知道凡事都有两面性，思维也一样，也有其消极的一面，不适的思维方式能成为我们的绊脚石，不但无法让我们进步，甚至可以将我们拉向深渊，让人生跌入谷底。

著名哲学家柏拉图在其名作《理想国》里有一个著名的“洞

穴之喻”。

在一个地穴中有一批囚徒，他们自小待在那里，被锁链束缚，不能转头，只能看到面前洞壁上的影子。在他们后上方有一堆火，一条横贯洞穴的小道，沿小道筑有一堵矮墙，如同木偶戏的屏风。

有一些特定的人，扛着各种器具走过墙后的小道，而火光则把高出墙的器具投影到囚徒面前的洞壁上，这些器具就是根据现实中的实物所做的模型。

囚徒自然地认为影子是唯一真实的事物。如果他们中的一个囚徒碰巧获释，转过头来看到了火光与物体，最初他会感到眩晕，就如同我们从黑暗的电影院刚走出来一样，但是他会慢慢适应。此时他看到有路可走，便会逐渐走出洞穴，看到阳光下的真实世界。于是，他会意识到以前所生活的世界只不过是一个洞穴，而以前所认知的事物也只不过是影像而已。

这个时候，他有两种选择，可以选择返回洞穴，也可以选择继续留在真实世界。最终他选择继续留在真实世界，并试图劝说他的同伴，也让他们走出洞穴，但他的同伴认为他在胡言乱语，根本不相信。

在我们现实生活中不乏洞中之囚徒，他们生活在自己的世界里，缺乏独立思考的能力，是现实中的思维囚徒，坐井观天、管中窥豹这些传统的寓言故事都巧妙地说明了这一点。哲学家叔本华也曾经说过："世界上最大的监狱，是人的思维意识。"

我们不得不承认，不同的人面对同样的情境思考方式是不一样的，这跟其经历、知识储备、所处环境、思维方式等因素息息相关，这就直接造成了其做出的选择也是不一样的，结果当然也就大相径庭了。

我们不妨做这样一个假设：假如前面有一堵墙挡住了你的去路，你会做出什么样的选择？

有的人会找个梯子翻越过去，有的人则会选择绕路而行，又有些人选择将墙推倒，也有人会选择在墙上挖一个洞，更有人会觉得无法跨越选择后退。这仅仅列举了常见的几种选择，当然还有其他若干种方案。为什么不同的人会选择不同的方案？哪种方案更优？很多人会从心态的角度分析，积极的心态会如何选择，消极的心态会如何选择。其实我们无法判定哪种选择更优，因为每个人所掌握的资源和需要达到的目标不一样，忽略资源和目标而盲目地判定对与错是不明智的。

我们需要深入思考的是在资源和目标一致的情况下，是什么原因导致了人们面对同样的事情做出不同的选择。在面对困难时有的人选择放弃，有的人选择克服，而选择克服的人又会使用不同的方式，就像面对一堵墙时选择跨越还是绕路一样。我们的选择其实就是个体表现出来的行为，而行为的依据则是思维。通俗来讲就是怎么想、如何做的问题，也就是思维方式和行为方式。思维是隐性的，指导行为；行为是显性的，是思维的体现形式。

决定个体成功的两大因素是外部环境和个体内部因素，这两个因素是相互依存、相互衔接、相互制约又相互促进的。外部环境可以激发个体的发展和壮大，所谓时势造英雄就是这个道理，在特定的环境下会产生与周围环境相匹配的成就，互联网大潮的到来造就了很多伟大的电商企业和企业家，工业化时代和信息化时代成就的事业是完全不同的。同样，个体可以反作用于外部环境，促进外部环境的进一步变化和发展。瓦特根据古罗马数学家希罗、法国物理学家丹尼斯·帕潘等多人的研究改良了蒸汽机，加速了工业革命的进程。但独立的个体对外部大环境的影响是很微弱的，没有一个人可以独立改变世界，只有很多个体组合起来才能对外部环境产生比较大的影响。思维虽然属于个体因素，但思维是将外部因素和个人因素进行融合，属于个体又超越个体。

也有很多人认为思维是思考的行为，也是一种行为方式，社会科学本就没有绝对的边界，姑且就将思维和行为作为单独的概念进行阐述。本书将重点关注影响个体内部因素的思维方式，以期读者能对思维方式进行深入思考，通过思维方式的调整和优化进一步提升生活质量和工作效率，从而实现个人的人生期望和价值。

每个人都不愿意承认自己存在思维缺陷，但都发生过因为思维短路而做出荒唐事。即便是那些伟大的科学家，思维也并不是完美的，所以我们要坦然面对自己的思维缺陷，并努力改变。

思维不是一种方法论，而是一种解决问题的视角，是一种多维度的思考方式。思维之深度在于潜藏、在于无形、在于纾困，思维之广度在于没有边际、在于无所限、在于突破。期望掌握一种固有的思维方式解决所有的问题是不现实的，每个不同的思维视角都有其合理性同时也有局限性。由于思维的复杂性及过于个性化的特点，无法穷尽所有思维方式，本书选择了笔者个人认为较为典型的一些思维方式进行论述。

本书通过对思维的本质、思维的困局、思维的破局三部分的陈述，希望能帮助读者打开心灵之门，寻求突破与改变，走出自己内心的洞穴。通过了解思维之深度和广度以及多维度的思考方式，发现自我之美、生活之美、人生之美、社会之美。

著　者

2022年10月

目 录

第二部分 思维的困局

ESSENCE OF THINKING

揭秘思维的困局与破局

第一部分

思维的本质

身为实，思为虚，实则虚，

虚则实，思则无所不用。

ESSENCE OF THINKING

揭秘思维的困局与破局

第一章

个人之过？
社会之殇？

焦虑、“玻璃心”、盲目崇拜……是个人之过还是社会之殇？

第一节
“玻璃心”式悲剧引发的深思

在湖南娄底某学校曾发生过这样一起悲剧。就读于该校六年级的一名学生，在上课时间突然冲出教室，从教学楼四楼跳下，经抢救无效身亡。根据教室内的监控以及警方通报，这是一名六年级学生，马上就要小学毕业，班里下午要举行毕业典礼。由于该学生是主持人，所以前一天下午他和另外几名学生私下决定将教室布置成方便召开毕业典礼的“回”字形座位。按学校要求，上午应该正常上课，当上课老师看到教室里的“回”字形座位时，为了方便上课就要求将座位调整为正常上课的状态。于是几名同学开始搬桌子，但是该同学坐在过道上拒绝搬动桌子，旁边的同学对他进行了劝说和安抚。不久，老师开始上课，可谁都没有想到，这名学生突然站起来冲出了教室，从四楼翻过栏杆一跃而下。

无独有偶，在南通市海门区某小学也发生了一起坠亡事件。据孩子的家长称孩子是跳楼身亡的，事发当天，孩子像往常一样上学，并没有什么想不开的事，也没有和家人发生过什么矛盾，到了学校却突然跳楼了，原因是老师布置的作业没有完成，被老师批评之后一时半会儿想不开就跳楼自杀了。

虽然这样的事件是个例，属于偶发性事件，但我们也不得不承认现代社会青少年的心理健康问题已经越来越频发，成为一个社会问题。这些悲剧的酿成让人非常痛心，人们对这类事件的看法也众说纷纭，有人说现在孩子的心理素质和抗压能力太差，有人说老师的处理方式是导致悲剧发生的重要原因，也有人说家庭教育的缺陷才是引发这些悲剧的根源。

现在的老师大都受过专业的教育，相信老师是绝不希望这样的事件发生的，也相信绝大部分老师都具有起码的职业道德。然而现实中的情况，却让很多老师无可奈何，有些学生说不得、骂不得，对于老师来说真的是个难题。当然我们不能否认有极少数老师比较墨守成规，不懂得灵活应变。但深层次的原因真的仅仅是老师吗？

通过以上这些事件我们不难发现，现在的很多孩子脆弱了、敏感了、自以为是了、虚荣心强了、缺乏吃苦耐劳的精神了，这不得不引起我们的重视和深入思考。现在的有些孩子到底是怎么了？为什么总是以为自己是对的？为什么遇到一点点挫折就会产生极端行为？为什么听不得别人半点不同的声音？为什么如此“玻璃心”？

从家庭角度来看，很多孩子都是独生子女，全家几代人围着孩子转，孩子成为家庭的绝对核心，对孩子的爱可谓是没有边际。孩子得到无尽的呵护和关爱，受不了半点委屈，成了温室中的花朵。而人类生活在自然环境中就有其自然属性，自然属性是什么？是竞争，是优胜劣汰。家庭教育如果违背人类社会的自然属性，必定要被社会反噬，孩子早晚要面对社会竞争，而长在这样土壤中的孩子如何竞争？如何适应社会？不得不说家庭是培养孩子人生观的最原始土壤。

从社会角度来看，现在很多人都在宣扬鼓励式教育、赞美式教育，而不要进行惩罚式教育、打骂式教育。我们不能否认鼓励式教育、赞美式教育的合理性，但我们也不得不深思，孤立的教育方式不管是赞美还是鼓励是否就能覆盖整个家庭教育？孩子犯错误了怎么办？孩子自以为是怎么办？孩子自私怎么办？孩子缺乏竞争的意愿和信心怎么办？……很多问题仅仅靠鼓励或者赞美是解决不了的。

“养不教，父之过。教不严，师之惰。”这是数百年流传下来我们都非常熟悉和认可的教育理念。从字面上理解应该是：仅仅是供养儿女吃穿，而不能好好教育，是一个父亲的过错；只是教育，但不严格要求，就是做老师的懒惰了。这是比较传统的解释，“父”解释为父亲，但在当今社会更应该理解为家长而不是特指父亲一人。这里就凸显了家庭教育和学校教育在孩子成长过程中的重要性。

孩子的行为是如何产生的？行为体现了内心所想，是受思维方式支配的。再进行深一步的思考，孩子的思维方式又是如何形成的？无非是先天因素和后天因素，后天因素则主要指环境因素，包括自然环境和社会环境，而影响孩子思维模式发展最重要的社会环境无疑就是家庭和学校，因此家长和老师的启蒙就成了重中之重。由此看来，家长和老师作为教育者，其思维方式是孩子思想发展的导向，对孩子的成长起了非常重要的作用。

第二节
盲目偶像崇拜映射出的信仰危机

被称为“流行音乐之父”的美国歌手迈克尔·杰克逊1992年在布加勒斯特举办了一场演唱会，现场涌入7万多名观众，在整个演唱会过程中，有数千人因为见到自己的偶像而兴奋晕厥，其中又有23人意外身亡。杰克逊去世后，其歌迷接受不了偶像离开的现实，12人选择自杀。

几年前，一位13岁少女喊出“明星就是比父母强”“我爱明星比爱父母更多”，引发了一起家长亲手杀死女儿的人间悲剧。

该事件当时在社会上引起了广泛的关注和讨论。

以上两个案例都是现实生活中真实发生的，是不幸，也是悲剧，更是社会的隐痛。近年来，因盲目偶像崇拜导致的恶性事件，轻则使人生活沉沦，重则使人精神失常、自杀，造成了极其不好的社会影响，绝对不可小觑。就个体而言，盲目的偶像崇拜是心智发育不健全的表现，就社会而言是意识形态缺失、信仰危机的具体体现。

崇拜是个体对自身、他（她）人以及某外界事物所具有的高度的尊重、钦佩与信任。从心理学的角度来说，崇拜是一种特殊的心理现象，源自人类对大自然不可知力的敬畏与崇拜。

偶像崇拜是个人对理想人物的社会认同和情感依恋。美国心理学家艾瑞克·弗洛姆认为，偶像崇拜是一种对幻想中杰出人物的依恋，这种幻想常被过分地强化或理想化。

奥地利著名心理学家西格蒙德·弗洛伊德则认为，偶像崇拜是青少年性发展的标准和方向，因为青少年增强的欲望冲动不能只指向父母及同辈人，也需指向诸如偶像这类较远的人。

从学者们定义的相关概念来看，崇拜和偶像崇拜都属于中性词，没有好坏之说，也不存在高低贵贱之分。虽然说崇拜是中性词，但崇拜的对象却能反映出个人的心理状态，对未来的人生观的形成起着非常重要的作用。

从个人的人生历程来看，儿童时期和青少年时期是偶像崇拜形成比较重要的两个阶段，是决定将来人生价值观的关键所在。儿童时，孩子崇拜的对象往往是自己的父母、老师等身边人，而到了青少年时期孩子崇拜的对象则慢慢转变为自己所关注领域的知名人物。

曾几何时，我们崇拜的对象是科学家、教师、医生，而现在很多青少年崇拜的对象变成了明星、网红、富豪……下表是北京某中学学生偶像来源的调查表。

对象	人数	占比
娱乐明星	187	37.78%
网红	106	21.41%
体育明星	53	10.71%
企业家	48	9.70%
科学家	39	7.88%
文学家 / 思想家	31	6.26%
其他	22	4.44%
老师及其他长辈	9	1.82%

该调查取样495份，虽然涉及样本较少，地域范围、年龄范围都比较单一，不一定代表全国青少年，但其反映出的趋势还是让人咋舌。各种网红、娱乐明星和体育名星占偶像来源将近70%，而为人类社会发展贡献较大的科学家、思想家或文学家只占比约14%。这种现象充分说明了现在年轻人的一种心理状态。

青少年时期是从儿童过渡到成人十分特殊的发展阶段，是形成人生观、价值观的重要区间，也是思维模式逐渐走向成熟的关键阶段。随着信息时代的纵深发展，自媒体的泛滥给青少年带来了庞大的信息冲击，而很多信息中往往夹杂着功利主义、虚无主义色彩，青少年在心智发育不是很成熟的情况下，无法对网络信息进行自我辨识、自我过滤，导致了他们对功利主义、虚无主义的盲目认同，加之缺乏家长的正确引导，从而造成了青少年错误的思维方式。

粉丝经济已经成为当今社会的热点，在促进经济发展的同时，也给一些搞盲目偶像崇拜的粉丝带来了灾难。粉丝超过自己的承受能力刷礼物、疯狂购物导致家庭破落的事件时有发生。

在追逐商业化、娱乐化的互联网时代，部分机构掀起种种“造神”运动，一方面将各种明星、网红包装得完美无缺，各种

"男神""女神"，无不光芒万丈，极具"杀伤力"；另一方面充分利用大数据进行用户素描，将目标粉丝精准定位，进行全方位的立体式信息轰炸，最大程度地压榨粉丝。

当很多人盲目进行偶像崇拜的时候，就失去了独立思考的能力，放弃了自己的本心，建立了错误的信仰，从而导致其人生道路走向平庸乃至沦落。这不得不说是一件让人痛心疾首的事。因此运用正确的思维方式，学会辨析信息的真谬，树立积极的价值观就成为人们必须要面对的重要课题。

第三节
焦虑中的失色人生

刘女士35岁，拥有一个和谐幸福的小家。丈夫李先生是一名大学老师，也算事业小成，女儿上小学三年级，性格活泼可爱，学习成绩优异。刘女士在精心经营自己小家的同时，通过自己的努力，在公司也是业绩斐然，一年前成为公司的中层，深得领导器重。

自从到了领导岗位后，工作压力骤增，开会、加班、出差成了家常便饭。公司的重大项目基本上都是刘女士负责，时间紧、任务重、压力大，久而久之刘女士变得晚上失眠，白天精神恍惚，自己疲惫不堪，对丈夫李先生也各种挑剔和不耐烦。

随着时间的推移，刘女士变得越来越烦躁，对丈夫也越发不信任，总是怀疑丈夫出轨，并为此心悸、紧张不安，隔三岔五就会跟李先生吵上一架。刘女士对此也感到十分痛苦，工作压力大，家庭不幸福，对丈夫的怀疑也是越来越深，她甚至在网络上找了黑客对丈夫进行调查。

黑客以各种理由跟刘女士要钱，在不到两个月的时间里刘女士一共付给黑客二十余万元，但对丈夫的调查却始终没有任何进展，后来黑客在其他案件中被侦破，证实其就是个网络诈骗犯。刘女士在没有任何证据的情况下甚至闹到了丈夫的学校，对丈夫的声誉造成了非常恶劣的影响，李先生不堪重负选择了和刘女士离婚。

不久后，由于刘女士在公司的大项目中出现了严重失误，公司免掉了她的职务。一个前途无量的职场精英就这样陨落了，一个和谐美满的家庭也散了，刘女士的人生轨迹彻底转向。

这是一个由压力转化为焦虑继而引发家庭矛盾、工作失职的典型案例，这样的案例在我们日常生活中绝不少见。原本幸福美满的家庭、蒸蒸日上的事业，在主人公严重的焦虑情绪中步入深渊，焦虑已然成为诸多悲惨事件中的元凶。

焦虑现象在我们生活中非常多见，学生时代为学习感到不安，大学毕业时又为能否找到合适的工作而忧心；工作中为职称、晋升、同事关系感到恐慌；结婚前为能否找到合适的另一半苦恼，婚后又为受孕生子犯愁，有孩子了为孩子发展担忧……总之，生活就变成了一个焦虑的闭环，让自己天天生活在不断的忧心和烦躁之中。

焦虑分为轻度焦虑和焦虑症，焦虑症是人群中常见的情绪障碍，焦虑症患病率很高，为5%～6%，且每年按15%的速度在增长。按照这个比例，中国有8000万左右的人患有焦虑症。世界卫生组织的研究表明，焦虑症的终身患病率为13.6%～28.8%，一旦患上焦虑症，就要积极地进行医学治疗和干预，如果没有及时治疗，可能会越来越严重。

轻度的焦虑现象存在于我们大部分人当中。你在生活中是不是经常会有如下情况：出门前明明锁门了，走到电梯口又怀疑自己是否锁过门；睡眠质量差甚至偶尔失眠；偶尔怀疑自己得病；

缺乏自信甚至会感到自卑；经常会对未来感到迷茫；经常做噩梦；会感到生活无趣；偶尔会感到恐慌；经常怀疑自己；遇到事情会感到非常紧张，手足无措；很难集中精力去做一件事；对周边的同事和朋友关系感到困惑；经常疲劳或乏力……

这些现象都可能是焦虑，轻度的焦虑大部分是不良的生活习惯、压力、认知等因素引起，无须医学干预，只需要自己进行必要的调整就可以。

首先，改变自己的不良生活习惯。生活规律，清淡饮食，劳逸结合。

其次，多运动。不得不说我们每个人每时每刻都处于压力当中，经济的压力、学业的压力、竞争的压力、家庭的压力、社交的压力、健康的压力等等。人的身体就如同一个蓄水池，当各种压力都倾注其中而得不到释放，水池必将爆满外溢，有入有出才能维持水池的生态。生活中有各种压力都是正常的，关键我们要学会如何卸压，而运动就是很好的释放压力的方式。神经科学研究表明，运动可以刺激大脑中的一种化学物质——内啡肽的分泌，它能使人的身心处于轻松愉悦的状态中。内啡肽又称为安多芬，它能产生跟吗啡等一样的止痛、让人愉悦的作用。内啡肽不但能够缓解疼痛，还能调整不良情绪，改善睡眠质量，调节神经内分泌系统，提高免疫力，不但能健壮体魄更能激发人的创造力，提升工作效率。

再次，改变固有的思维方式，化消极为积极，摒弃不良情绪。我们都熟知一个关于登山的故事：消极情绪的人爬到一半时首先想到的是后面的困难，自己还要面对一半的陡峭山崖；而积极情绪的人看到的则是自己努力所取得的成果，已经征服了一半的困难。这两种情绪的人对待生活和困难的态度是截然不同的，其生活质量也迥然相异。究其深层原因，无非是心态不同而已，心态从何而来？无非是人们的思维方式所主导。积极的思维方式会让人心中充满阳光，而消极的思维方式让人满是阴霾。

第二章

人人都渴望梦想成真

梦想是虚无的吗？梦想成真靠谱吗？

追梦之旅，重在不懈；圆梦之途，贵在知心。

第一节 每个人心中都有一个梦

一百多年前，一位穷苦的牧羊人带着两个幼小的儿子以替别人放羊为生。

有一天，他们赶着羊群来到一个山坡上，一群大雁从他们头顶飞过，并很快消失在远方。

牧羊人的小儿子问父亲："大雁要往哪里飞？"

牧羊人说："它们要去一个温暖的地方，在那里安家，度过寒冷的冬天。"

大儿子眨着眼睛羡慕地说："要是我也能像大雁那样飞起来就好了。"

小儿子也说："要是能做一只会飞的大雁该多好啊！"

牧羊人沉默了一会儿，然后对两个儿子说："只要你们想，你们也能飞起来。"

两个儿子试了试，都没能飞起来，他们用怀疑的眼神看着父亲。牧羊人说："让我飞给你们看。"于是他张开双臂，但也没能飞起来。

可是，牧羊人肯定地说："我因为年纪大了才飞不起来，你们还小，只要不断努力，将来就一定能飞起来，去想去的地方。"

两个儿子牢牢记住了父亲的话，并一直努力着，等他们长大——哥哥36岁、弟弟32岁时，他们发明了飞机，实现了幼时飞起来的梦想。这两个人就是美国的莱特兄弟。他们没有放弃儿时的梦想，并一直坚持为之努力，最终梦想成真。

飞机现在已经成为我们日常出行的常见交通工具，现代人对此已经习以为常，但是在科技并不发达的十九世纪，人能飞到天上去在绝大部分人看来就是痴人说梦。幸运的是莱特兄弟的父亲没有盲目地否定兄弟二人的梦想，而是鼓励二人坚持梦想并去努力实现。

在我们日常生活中往往长辈会成为孩子梦想的否定者，梦想就如同一颗种子，只要你认可它、呵护它并给它创造适宜的条件，它就会生根、发芽、成长、壮大，而如果盲目否定它、消灭它，它也就会随之消亡。

梦想的实现需要内部和外部双方面的因素，二者缺一不可。古今中外的名人志士，无一不是怀揣着梦想，通过不懈地坚持与努力最终圆梦。

周恩来少年时怀揣中华崛起的梦想离开家乡外出求学。有一次，校长亲自为学生上修身课，并将课程命名为“立命”，讲到动情处停下问道：“诸生为何读书？”

有人答：“为名读书。”

有人答：“为官读书。”

周恩来答：“为中华之崛起而读书！”

校长赞叹道："有志者，当效周生啊！"

那年周恩来12岁。"为中华之崛起而读书"也成为人们广为传颂的励志经典。

每个女孩都有一个公主梦，每个男孩都有一个英雄梦。梦想是每个人都曾经或正在拥有的，是对未来的憧憬和对美好事物的向往。不同的是人们对待梦想的态度。很多人都将梦想真的当成一个梦，想想而已、说说而已，所以梦想就真的成为梦了。而也有些人将梦想设定为目标，将目标分解为任务，将任务设定为步骤，将步骤付诸行为，从而实现由梦想到圆梦的进化。

一个平庸的人不一定是因为他没有梦想，而是将梦想当成梦，最后成为空想。梦想不一定能成就一个人，却可以指引一个人。有梦想不一定成功，没梦想绝对不会成功。一个没有梦想的人，就像茫茫沧海失去罗盘的一叶扁舟，随风飘逝，最终不是倾覆于海浪便是搁浅于荒滩。梦想如同灯塔，在黑夜中为你引航，让你有目标、有方向、有期望、有动力、有追求。

我们是幸运的一代人，生逢太平盛世，唯有怀揣梦想、坚定信念、脚踏实地不断圆梦，才能无愧于人生、无愧于这个伟大的时代。

第二节
跳出舒适圈

公元前493年，吴王夫差为报父仇，举兵攻伐越国都城会稽，越王勾践被迫投降。为保留一线复国的机会，勾践接受了范蠡的意见，降吴为奴。勾践从此为吴王养马、拉车，为了复国的梦想受尽屈辱。勾践的谨慎行事，使得吴王渐渐放松了警惕，逐渐赢得了吴王的欢心和信任。三年后，他被释放回国。

勾践回国后，发愤图强，立志复仇。他怕自己贪图舒适的生活，消磨了报仇的志气，晚上枕着兵器睡在稻草堆上。

他还在房子里挂上一只苦胆，每天早上起床后尝苦胆，还让门外的士兵问他："你忘了三年的耻辱了吗？"他派文种管理国家政事，范蠡管理军事，自己到农田里和农夫一起干活，妻子也纺线织布。勾践的这些举动赢得了越国人民的尊重和拥护，经过十年的艰苦奋斗，越国终于兵强马壮，最后报仇雪恨，打败了吴国。

这是大家都耳熟能详的越王勾践卧薪尝胆的故事。我们都敬佩勾践怀揣梦想、不忘初心、忍辱负重，实现越国灭吴的壮举。

很多人都被勾践的励志故事所折服，却很少人去关注事情的另一面，吴王为什么兵败呢？成功固然可贵，失败也能给我们带来启发。

吴国之所以战败，勾践卧薪尝胆、励精图治当然是因素之一，各种兵法战略也是制胜法宝，这些都是外部因素，更重要的还是内部因素，所谓内因决定外因。吴王在打败越国之后，勾践臣服，夫差自以为没有了后顾之忧，从此沉迷于西施的美色，过着骄奢淫逸的生活。同时又狂妄自大，不顾人民的疾苦，还听信坏人谗言，杀害忠臣伍子胥，导致国力衰弱、人才匮乏。这也是吴王兵败勾践的重要原因之一。如果吴王能跳出舒适圈，始终不忘初心，坚持内修外攘、安邦恤民，吴国何至于兵败呢？当然历史没有如果，同样我们的人生也没有如果。

释迦牟尼是古印度北部迦毗罗卫国净饭王的太子，幼时受传统的婆罗门教教育，29岁时有感于人世生、老、病、死各种苦恼，加之对当时的婆罗门教不满，舍弃王族生活，出家修行，终成佛教创始人。

中国导弹之父、中国工程院院士钱学森1939年获得美国加州理工学院航空、数学博士学位并留校任教，后又担任加州理工学院喷气推进中心主任、教授，有着非常高的社会地位和富足的生活，然而为了实现自己的梦想，毅然决定回到祖国的怀抱。尽管美国设置重重阻碍，甚至将他关进监狱，但仍阻挡不了他回国报效祖国的坚定意志。钱学森于1955年10月8日回到祖国，并投身科学研究，1999年，获中共中央、国务院、中央军委颁发的“两弹一星”功勋奖章。

步入舒适圈、安于现状、缺乏危机感、形成自以为是的僵化思维模式是实现梦想的天敌。要想实现自己的梦想就要跳出舒适圈，不断迎接新的挑战。当然，跳出舒适圈并不容易，世间根本就没有既舒服又轻松的成功者，天上掉馅饼、不劳而获只能出现在梦境，只有通过努力去实现自己的梦想，才能真正体现自己的价值。

第三节

梦想成真并非空中楼阁

在很多人看来，梦想成真是水中月镜中花，可望而不可即。

梦想成真莫非真的是可望不可即的空中楼阁？

王阳明是明朝杰出的思想家、文学家、军事家、教育家，十二岁的时候进入私塾开始学习。

有一天，他问老师："读书是为了什么？"

老师回答他："读书是为了参加科举考试，中状元，做大官。"

王阳明说不对，老师就问他认为读书是为了什么，他答复老师读书是为了成为圣人。

王阳明的梦想就是成为圣人，年仅十五岁就独自闯荡边关，更是把所有的兵书都认真研读。他两次参加科举考试都没有中榜。

他的状元父亲开导他说："此次不中，下次努力就能中了。"

但他笑道："你们以不登第为耻，我以不登第却为之懊恼为耻。"

王阳明终于在他二十八岁时参加考试并榜上有名，举南宫第二人，赐二甲进士第七人，正式步入仕途。王阳明虽然数次平定匪患、屡立奇功，但仕途并非一帆风顺，曾受刘瑾迫害被贬至贵州龙场。当时云贵地区还是人迹罕至、毒虫遍布的地方，也就是在他人生最低谷的时期，有了流芳于后世的龙场悟道，他创立的心学也成了中国思想文化史上的重要学说之一。阳明心学后传到日本，对日本及整个东亚都产生了较大影响。

王阳明的梦想是成为圣人，而他通过自己的努力也真成了圣人，可以说是梦想成真。如何才能实现自己的梦想？这才是我们应该深入探讨的问题。

首先，需要明确梦想是什么。离开梦想本身去谈梦想是一件很荒唐的事情。梦想就是我们设定的终极目标，是远期的。

其次，将远期目标分析拆解成几个阶段性目标。梦想是远期目标，具有战略性、长期性、难实现等特点。因此我们需要对其进行分析，并将其拆解成若干个阶段性目标，阶段性目标作为实现远期目标的保障，更容易完成和检查。

再次，为阶段性目标设计达成计划。有了阶段性目标以后就需要为这些目标设计达成计划和方案，以保证阶段性目标的顺利实现。

还有，将计划和方案细化成实施步骤。有了计划和方案，就需要将这些计划程序化，细化成具体的实施步骤。

最后，根据细化的实施步骤严格执行。

另外，在执行的过程中不断修正、完善。在按照实施步骤执行的过程中会受一些不可控因素的影响，导致部分偏离，这就需要对计划和阶段目标进行修正和完善，以保障远期目标的实现。

总体说来，梦想成真并不是虚无缥缈的，也并非空中楼阁。司马迁遵从父亲遗嘱，梦想要写成一部能够“藏之名山，传之其人”的史书，通过自己艰苦的努力开创纪传体史学，最终写成《史记》一书，可谓开天辟地，名垂千古。拿破仑梦想带领法国的雄兵，席卷整个欧洲，建立一个前所未有的超级大帝国，并且让自己成为这个大帝国的皇帝，拿破仑最终也实现了当法国皇帝的梦想。俗话说：“宝剑锋从磨砺出，梅花香自苦寒来。”只要我们合理规划、认真执行、竭尽所能，梦想终会实现。

第三章

你了解自己吗?

识人难，识己更难。识人者，重在观察，贵在思辨。识己者，需要去除虚荣的伪装，坦然面对自己；需要打破思维的束缚，剖析自我。

知人者智，知己者明。知己，方能不殆!

第一节
“解剖”自己

一天，一只具有权威、态度严厉的老鸵鸟向年轻的鸵鸟讲演，认为它们比其他一切物种都要优越，它们就是世界上最伟大的鸟，因此也是最好的鸟。所有鸵鸟都附和欢呼，除了一只名叫奥利弗的鸵鸟。

“蜂鸟向后飞是撤退。”这个老鸵鸟说：“我们向前是前进，我们永远向前进！”

“我们的蛋最大，因此也最好。”老鸵鸟又说。所有其他鸵鸟都大声叫好，除了奥利弗。

“我们用4个脚趾走路，而人需要10个。”老鸵鸟热血沸腾地说道。

“可是人可以坐飞机飞行，而我们却根本不能。”奥利弗评论说。

老鸵鸟严厉地看着奥利弗说：“人飞得太快，因为地球是圆的，所以后者很快会追上前者，发生相撞，人永远也不知道，从后面撞上他们的也是人。”

“在危险时刻，我们可以把头埋进沙子里让自己什么都看不见，”老鸵鸟继续慷慨激昂地说，“别的物种都不能这么做。”

“我们怎么知道，我们看不见别人而别人能不能看见我们呢？”奥利弗盘问道。

“胡说！”老鸵鸟叫喊道。其他所有鸵鸟都随声附和道：

“胡说！”

就在这时，一阵令人惊慌的奇怪声音传来，一大群受惊的野象奔袭而来。老鸵鸟和其他鸵鸟都迅速地把头埋进沙子里，只有奥利弗躲在了附近的一块石头后边，直到这群狂风暴雨似的野兽过去。

当它出来以后，看到的是一片沙子、白骨和羽毛。奥利弗开始点名，可是没有任何回答，最后它点了自己的名字：“奥利弗。”

这则寓言故事表面上看是通过其他鸵鸟的愚蠢映射出奥利弗的聪明，实际上蕴含着更为深刻的人生哲理。

① 金无足赤，人无完人，充分认识自己的优点和缺点。

曾有人问泰戈尔三个问题。第一个问题是：“世界上什么最容易？”泰戈尔回答：“指责别人最容易。”第二个问题是：“世界上什么最难？”泰戈尔回答：“认识自己最难。”第三个问题是：“世界上什么最伟大？”泰戈尔回答：“爱最伟大。”人最大的敌人是自己，找出自己的优点对大部分人来讲或许很容易，有的人甚至会将自己的优点无限放大，从而表现出傲慢自负的情绪，这样就会掩藏危机，就如同老鸵鸟和它身边的那群小鸵鸟。认识自己的优点易，能利用好自己的优点难。认识自己的缺点难，敢于承认自己的缺点难，能克服自己的缺点更是难上加难。

② 扬长避短，事半功倍。

趋利避害被很多人认为是一个贬义词，是小人所为，让人不齿。其实趋利避害是大自然万物的通用法则，也是人的天性。只有正确认识自己的优缺点，才能够清醒地分析自己周边环境，从环境中避开威胁、寻找机会。这样才能更好地发挥自身优势，达到事半功倍的效果，在生活和工作中也就能得心应手。如果不知道自己的优点和缺点是什么，就会导致自己陷入迷茫中，做事缺乏目的性和针对性，浑浑噩噩度日。

③ 知人难，知己更难。以己之长克彼之短，方能百战不殆。

老子的《道德经》中提到：知人者智，自知者明；胜人者有力，自胜者强。意思是说能了解、认识别人叫作智慧，能认识、了解自己才算聪明。战胜别人是有力的，克制自己的弱点才算刚强。知己知彼方能百战百胜，田忌赛马的典故充分说明要想战胜对方首先要了解对方的实力、了解对方的出牌规则，再根据自身的优势和劣势进行布局，以己之长克彼之短，才能获取胜利。不了解对方不行，不了解自己也不行，需要真正清楚敌我双方才能采取有针对性的措施。

自我剖析是一种勇气，自我认识是一种修行。正确认识自己，清晰地知道自己的优点是什么，缺点是什么，自己能做什么，不能做什么，这才是人生的大智慧。不断地自我挖掘、自我总结、自我检讨、自我怀疑、自我完善、自我鼓励、自我修正才能提升自己的竞争力，让自己在竞争中立于不败之地。

第二节
DO YOUR “BEST”——个人竞争力模型

竞争力、核心竞争力一直是人们讨论的热点问题，然而绝大多数人的研究和讨论都会与企业或组织相关联，企业竞争力、企业核心竞争力都是群体能力。群体的竞争力是个体竞争力的集合。有人或许会反对这一观点，企业的核心技术、企业文化、知识产权都可能成为企业的竞争力，与个体何关？技术和知识产权都是由个体或个体组合产生的，这个比较容易理解。企业文化与个体混为一谈似乎有点牵强附会，其实也不难理解。任何组织，无论是正式组织还是非正式组织，都会有一个被大家奉为带头人的个体，而组织的风格、特征都会打上很深的个人烙印，也就是说这个带头人对组织文化的形成会起到决定性的作用，因此组织文化深受个体影响。

影响个人竞争力的因素总体来说可分为内部、外部两个方面，内部因素主要是指个体内部的竞争力因素，外部因素主要是指个体所拥有的资源，包括资产、人脉等。由于外部因素的固有属性不强且受环境因素影响较大，故本文所讨论的个人竞争力主要为个体的内部因素。针对个体内部来说，自己的竞争力是什么？如何分析你的个人竞争力？个人竞争力体现在哪些方面？具体来说可从身体（BODY）、教育（EDUCATION）、技能（SKILL）、思维（THINKING）四个方面进行分析。

身体（BODY）：身体主要是指个体所有生理组织构成的整体，包括外貌、健康程度等。长相是竞争力，声音是竞争力、身高也是竞争力。这些因素受先天影响较大，而身体的健康程度则主要受后天因素影响，是人们通过努力可以控制和提升的。俗话说身体是革命的本钱，是参与竞争的基础，没有好的身体其他的一切都是空谈，很难想象一个病恹恹天天往医院里跑的人能创造出什么惊人的业绩。

拥有健康的身体，才让拥有其他一切成为可能，才能参与竞争，才能奉献社会，才能更好地为人民服务，才有机会享受成功带来的幸福。失去健康的身体，荣誉、财富、地位、权力、成就都将成为空谈。人生的所有金钱、名誉、权力等都是一个个“0”，健康的身体是“1”，如果没有这个“1”，后面无论多少个“0”也无济于事。健康的身体是个人竞争力的基础，是其他一切因素的先决条件。

教育（EDUCATION）：教育一词有狭义和广义两方面的解释。狭义的教育是指培养人才、传授知识的过程，多指学校教育，小学、中学、大学、研究生教育皆为狭义的教育范畴。广义的教育是指除了学校教育之外，以提升个人综合能力为导向的被动或主动学习，自我学习也是教育的一种。孔子曰：三人行必有我师。跟他人学习同样也是受教育的过程，通俗地讲教育就是获取知识。狭义的教育让你提升素养的同时拥有毕业证书、学历证书，广义的教育是提升自我素养。在西方，教育一词源于拉丁文educare，意为“引出”或“导出”，意思就是通过一定的手段，把某种本来潜藏于身体和心灵内部的东西引发出来。

由此看来我们通过不懈努力从学校中获取的证书是竞争力，通过自我学习或社会学习获取知识也是竞争力。学校教育通过证书呈现是显性的，其表现形式更为直观、精准，通常来讲学历越高竞争力越大，同为电子工程专业毕业的专科生、本科生、硕士生、博士生，其竞争力是不一样的。因此高学历是体现个人竞争力的重要形式。而通过自我学习或社会学习获取的竞争力则相对来说比较隐性，无法通过直接的媒介呈现，需要通过具体的任务或者事件才能体现出来，同样是个人竞争力的重要来源。因此我们在通过学校教育提升竞争力的同时，不能忽略自我学习和社会学习，以不断提升自己的综合素养。

技能（SKILL）：掌握和运用专门技术的能力，个体运用已有的知识或经验，通过练习而形成的一定的动作方式或智力活动方式都是技能。

衣食住行是我们每个人在生活中必不可少的四项基本保障，无论社会如何发展，生产力如何提高，这些基本的生存需求是不可改变的。穿衣需要织布工、需要裁缝，吃饭需要农民、需要厨师、需要面点师，住房需要泥瓦匠、需要木匠，出行需要工具那就必然少不了造车工、维修工，这些技术从业者都是我们日常生活中必不可少的，而他们所掌握的技能就是参与社会竞争和服务大众的竞争力。

然而想要培养技能，绝非一朝一夕的事。技能也需要长期坚持练习，举一反三，不断打磨才能让自己的竞争力更强。

小乌鸦到了学本领的时候，它对乌鸦妈妈说："百灵鸟歌声优美，是森林里有名的歌唱家，我想拜它为师。”乌鸦妈妈鼓励说：“只要你认真学习，总有一天，你也会成功的。”可没过几天，小乌鸦便逃了回来。

乌鸦妈妈问它为啥不学了，小乌鸦含泪对妈妈说：“百灵鸟每天天不亮就催我练嗓子，连懒觉也睡不成，太辛苦了，我不想学了！”

过了几天，小乌鸦又对乌鸦妈妈说：“雄鹰搏击风雨，翱翔蓝天，是大家崇拜的飞行健将，我想跟它学艺！”

乌鸦妈妈又激励说：“只要你刻苦锻炼，你的美好理想就一定能实现！”

跟雄鹰学了不到半个月，小乌鸦又偷偷地溜了回来。它又哭着对乌鸦妈妈说：“像雄鹰这样经常与风雨雷电搏斗，不但太累人，还会有生命危险，我想再去拜……”乌鸦妈妈听后，叹了一口气，失望地说：“孩子啊，像你这样吃不起苦，是永远学不到真本领的！”

任何技能的达成都要付出艰苦的努力，勤学苦练是掌握技能的必经之路，没有任何捷径可以走。

经济学中有个“一万小时定律”，意思是说当你在某个领域想要成为专业能手或者专家，一般要在该领域持续投入一万个小时。按每天三个小时算，需要十年才能完成，即便按每天六小时算也需要五年的时间。一万小时是必要条件而不是充分条件。就是说成为专业能手或专家需要投入一万小时，但投入一万小时未必能成为行业翘楚。墨守成规只能成为熟练工，而积极革新才能成为匠人。

由此看来，掌握技能需要长时间的积累，不能好高骛远，也不能妄自菲薄，业精于勤而荒于嬉，自信自律、保持恒心、永不放弃、勤于思考、不断创新才能真正掌握和提升一项技能。

思维（THINKING）：思维是在表象、概念的基础上进行分析、综合、判断、推理等认知的过程，是人类特有的一种精神活动，是从社会实践中产生的。思维借助语言、表象或动作实现。

千人千姿，万人万貌，世界上绝不会找到两片完全一样的叶子。人与人之所以不同，除了长相、性别、高矮胖瘦等这些外部因素外，更主要的区别在于人与人的思维方式的差异。

古时候，一个老太太有两个儿子，大儿子卖伞，二儿子染布。晴天的时候她焦虑，因为大儿子的伞卖不出；雨天的时候她也焦虑，因为二儿子染的布晾不干。所以老太太晴天也焦虑，雨天也焦虑，更是雨天盼晴天，晴天盼雨天，天天忧心忡忡，久而久之就病倒了。

于是老太太就去看医生，医生了解了她生病的原因后，哈哈大笑："你这老太太，应该每天高兴才是。"

老太太甚是疑惑，问道："我怎么能高兴起来呢？下雨天我二儿子的布晾不干，晴天我大儿子的伞卖不掉。"

医生笑着说道："你应该这样想啊，晴天你二儿子的布能晾干，下雨天你大儿子的伞能卖掉，无论是雨天还是晴天，你都会有一个儿子赚钱啊！"

老太太豁然开朗，后来每天都乐呵呵的，病也慢慢好了。

同样的一件事，不同的角度、不同的思维方式会产生不一样的效果。

身处现代社会，竞争无处不在。国与国的竞争、企业与企业的竞争、人与人的竞争，竞争渗透于我们生活的每一个角落。何为个人竞争力？直白地讲就是个人解决问题的能力。个人解决问题的能力则依赖于个人的身体健康情况、知识储备情况、技术能力情况，更依赖于我们的思维方式。由此看来，个人的竞争力无非包含身体（B）、教育（E）、技能（S）、思维（T）四方面的要素。身体、教育、技能是基础，而思维能力则是将个人竞争力升华的催化剂，也是个体区别于另一个体的根本。同样是计算机专业毕业的两个博士，他们的知识储备也相差无几，为什么其最终人生价值会不尽相同？皆因思维方式不同。

第三节
思维影响高度

在南方某城市，有三个人各自经营着一家米粉店，天天顾客盈门，生意都非常好。

一个投资人看到三家店都比较红火，于是就找到三人，表示愿意收购他们的米粉店，并愿意给出不菲的价格。

第一个人因为店里的生意非常好，自己的收入也不错，天天忙得不亦乐乎，就拒绝了投资人收购的要求。依然勤勤恳恳地经营着自己的小店，过着忙碌而充实的生活。

第二个人觉得自己天天如此忙碌也赚不了多少钱，干脆将店卖掉，获得一笔可观的收益，自己以后也不用那么忙碌了，可以过上衣食无忧的生活，于是就把店卖给了投资人。

第三个人在收到投资人的收购意向后，并没有马上答应投资人的要求，而是详细做了一下调研。最终发现自己店里的生意好完全是因为米粉的酱料比较受欢迎，于是她拒绝了投资人的收购请求。之后，她开始转型专门做酱料。

几年以后，第一个人仍然是个米粉店的小老板；第二个人得到一笔收购费，在城里买了一个大房子，自己也找了一份稳定的工作，过着朝九晚五的上班族生活；而第三个人，由于其酱料很受欢迎，企业规模不断扩大，她最终成为年营业额几百亿的全国知名企业家。

第一个人的思维仅仅局限于米粉店本身，所以其工作的目标就是把米粉店经营好，做一个忙忙碌碌的小老板。

第二个人则是卖掉小店，改变自己的生存状态，因此他成为一个衣食无忧的蓝领工人。

而第三个人的格局更高，她把经营当成是一份伟大的事业，并不断钻研，因此她也就能做出更大的成就，最后成为世人皆知的企业家。

我们不能说上述三个人哪个人的选择更好，毕竟每个人都有不同的生活目标和追求。但一个人做事的格局会影响他将来所能达到的高度。格局受人们的思维方式影响，不同的思维方式将会极大地影响到其未来的成就。

木桶理论曾在一段时期大行其道，它告诉人们，木桶能装多少水，取决于最短的那块木板。你的弱点，会决定你的高度。

“现代管理学之父”彼得·德鲁克在《哈佛商业评论》中写道：专注于你的长处，把自己放到那些能发挥长处的地方。应该尽量少地把精力浪费在那些不能胜任的领域上，因为从无能到平庸，和从一流到卓越相比，人们需要付出多得多的努力。

传统的木桶理论让我们发现的是短板，这当然是金科玉律，但一个人如果仅仅局限于清楚自己的劣势，显然会束缚自己的发展，而全面的思维方式更有利于人们扬长避短，最大程度地发挥自己的潜力。新木桶理论则让人寻找自己的优势，新老木桶理论相结合，就是全面的思维方式。知道短板固然重要，但比起短板，真正能让人脱颖而出的，往往是你的特长。

华为技术有限公司（简称华为）是一家让人尊敬的企业，任正非是一位让人敬佩的企业家。华为的创业故事已经被很多人所熟知。华为寓意是“中华有为”，为中国崛起而有为。作为一个欠债两百多万元的大龄创业者，创始人任正非不是想着如何填饱肚子、如何偿还债务，而是决心为中华崛起而为，这是何等的气概！任正非当时提出的口号是：做民族通信企业的脊梁！如此格局让华为的目标更加宏大。经过多年的发展壮大，华为成为享誉全球的高科技企业。

唐朝是中国历史上最鼎盛的朝代之一，有大唐盛世之称，大唐电信的寓意也有做盛世大企业的豪迈气概。中兴通讯，中兴，寓意为“中华复兴”。这些企业无一不是透露着经营者的伟大梦想，其思维没有局限于一隅，而是着眼于未来，着眼于全球。

很多人都在说思维决定人生高度，实际上这样的话是不严谨的。思维会影响人生所能达到的高度。人生是否成功取决于很多因素，有环境因素也有机会因素。所以我们只能说思维是影响人生高度的重要因素，而不能说思维决定人生高度。

不同的思维格局，将会影响你做出不同的选择，你做出什么样的选择，用什么样的方式去做，就直接影响了你的未来能达到什么高度。人生之所以各不相同，除了环境、经历等这些外部因素外，人和人之间最根本的区别，就是思维的差异。思维格局有多大，人生就可能飞多高、走多远。

第四章

思维的本质

思维是把双刃剑，可以帮我们迅速有效地解决问题，但也会让我们陷入泥潭。

第一节
思维是如何形成的

我们都知道刚出生的婴儿会啼哭，但为什么会哭很多人却知之甚少。从医学的角度来说，新生婴儿在出生后放声大哭主要是为了让自己的呼吸系统进入正常的工作状态。当胎儿在母亲子宫内时，羊水里没有气态氧，是不需要进行呼吸的，其成长所需的物质全部都是由脐带传输。婴儿出生后第一次接触到空气环境，此时胸腔迅速扩大，空气进入肺部，肺部迅速张开，婴儿能够做吸气、呼气这样的动作。放声大哭相当于更快地进行呼吸作用，等呼吸系统稳定下来，他便会停止哭泣，是宝宝健康的表现。另外，婴儿出生后外部环境骤变，其对环境的应激反应也是导致婴儿啼哭的一个原因。

大家也都清楚，出生后的宝宝除了睡觉、吃奶就是啼哭。随着对外部环境慢慢适应及视觉的发育，宝宝慢慢开始审视周边的环境。如果刚出生时的啼哭是本能，后来的啼哭是什么原因造成的？我们都知道宝宝饿了会哭、打针会哭、不舒服会哭，这些哭的行为是如何产生的呢？饿了是因为感觉到饥饿，有吃奶的需求。打针和不舒服是因为感觉到外部刺激，通过知觉的传递让其产生意识，从而导致哭的行为，这个阶段的哭是需求或意识直接引发的。他的每次啼哭都会引起大人的关注，帮助他解除饥饿、疼痛、不舒服等困扰，孩子慢慢就会将哭和外部的这些行为联系起来，从而有了自己的主观能动性，便形成了思维。

思维能力是指信息收集、信息加工、信息输出的过程，是对事物进行观察、比较、分析、综合、抽象、概括、判断、推理的能力，是采用科学的逻辑方法，准确表达思维过程的能力。人出生就会吮吸，这不是信息加工的过程，这是本能，不受思维支配；而当孩子能辨别母乳和奶粉的时候，这就有了信息加工过程，就有了思维能力。

小学生在解一道数学题的时候，先是通过眼睛进行信息输入，然后将输入的信息进行分析、归纳、总结，也就是信息加工，从而得出结果，也就是信息输出。信息输入需要具备认识文字的能力。信息加工不但需要理解文字，更需要根据自己的知识和经验积累，从而进行科学分析、归纳、总结并得到结果。信息输出则需要以文字或者语言等形式表达出来，所以从任何一个过程来看，知识和经验的积累都是形成科学思维的关键要素。

马克思指出，因为思维过程本身是在一定条件中生成的，它本身是一个自然过程，所以真正能理解的思维永远只能是一样的，只是随着发展的成熟程度（其中也包括思维器官发展的成熟程度）逐渐地表现出区别。

恩格斯也提到过："究竟什么是思维和意识，它们是从哪里来的，那么就会发现，它们都是人脑的产物，而人本身是自然界的产物，是在他们的环境中并且和这个环境一起发展起来的。不言而喻，人脑的产物，归根到底亦是自然界的产物，并不同自然界的其他联系相矛盾，而是相适应的。”

所以思维的产生是一种复杂的内部抽象过程，看不见摸不着。思维有其自然属性，也有外部环境属性。我们只能通过思维结果对外呈现的载体语言、文字、行为等方式来探视思维的规律。

思维是一个听起来玄之又玄的概念，思维虽然玄妙，但又是每个人都具备的一项基本能力，存在于生活的每个角落，所以绝不能将思维过度神化。人们经常会把思维复杂化，简单来说思维就是人们思考的方式和过程。思维具有环境属性，是可以通过训练实现优化的，而思维能力的提升和思维方式的优化也并不是一件非常困难的事情。

第二节
思维、行为、结果的逻辑

思维、行为、结果三者到底是什么关系？很多人都认为思维决定行为，行为决定结果。这么说不能说是错误，只是这样定义有点过于绝对，应该说是有理论缺陷的。

首先，我们很多行为是不受思维影响的。行为的产生是由多因素引起，一个是主观因素，一个是客观因素。当你决定去跑步的时候，跑步这个行为就是由主观因素引发。当一条狗向你追过来，人的第一反应是跑，这个行为就成了由客观因素引发；而当人们知道“狗怕蹲”的常识后，做出蹲的动作则是思维能力的体现。

冬天我们走在结冰的路面上，一不小心滑倒了。这是我们生活中经常发生的事件，我们能说滑倒这个动作是受思维的支配吗？滑倒以后你首先会做的动作是什么？用手撑地。你能说这个动作也是思维的作用吗？更多的应该是本能吧。因此思维决定行为，这样的说法是不够严谨的。还有一些人有很多美好的想法，但始终都不去实践，仅仅存在于自己的大脑中，只能是美丽的设想，而并没有产生实际的行为。所谓思想上的巨人，行动上的矮子，我们能说思维决定行为吗？

其次，行为也未必能决定结果。还是以人在冰上滑倒为例，滑倒这样的行为会决定什么结果？摔疼屁股？有的人却摔折胳膊。摔折胳膊？有的人却摔疼脑袋。摔疼脑袋？有的人却磕破鼻子。也许有人会笼统地说，摔倒会受伤，可有的人根本就是毫发无损。因此说行为决定结果似乎也有点难以服众。一个行为产生的结果会有很多种，很多时候我们无法判定某个行为最终会产生什么样的特定结果。

好莱坞著名导演史蒂文·斯皮尔伯格的电影《幸福终点站》的主人公原型是梅安·卡里米·纳塞瑞，他出生在伊朗一个富裕家庭，从小就受到了十分良好的教育，后来成功考入了英国布拉德福德大学。

有一次，他准备从法国前往英国时，他的钱包被小偷偷走了，包括护照在内的全部能证明其身份的证件都在钱包中。

按要求，若没有证件梅安·卡里米·纳塞瑞无法离开机场，万般无奈之下，他只能滞留在戴高乐机场，成了一个“机场流浪汉”，而且一待就是17年。

梅安·卡里米·纳塞瑞只能睡在机场的长椅上，他每天把长椅擦得非常干净，洗衣服也只能在公共卫生间。梅安·卡里米·纳塞瑞的妻子生活在法国，虽然在同一个城市他们却不得不过着异地恋的生活，因为两人只能在机场见面。

长期住在机场，梅安·卡里米·纳塞瑞成了机场的一道风景线，很多经常遇到他的乘客和机场工作人员都认识了这个著名的机场流浪汉。

后来，梅安·卡里米·纳塞瑞的故事被人们不断演绎，越来越多的人知道了他的故事，这也被一些电影导演所熟知。1993年他的故事被法国人拍成了电影，名叫《从天而降》。

后来，纳塞瑞的故事激起了史蒂文·斯皮尔伯格的创作激情，他买下了纳塞瑞传奇经历的改编权，并与汤姆·汉克斯合作拍摄了《幸福终点站》。

梅安·卡里米·纳塞瑞成了社会的知名人物，也获得了不菲的收入。

护照丢失和成为名人似乎是毫不沾边的两件事，然而梅安·卡里米·纳塞瑞确实是因为护照丢失而造成他滞留戴高乐机场17年，成就了他的传奇人生。我们能说丢失护照的行为能达到成为名人的结果吗？显然是不能的。

梅安·卡里米·纳塞瑞的成功是偶然事件，不可模仿也不可复制。一个成熟的社会，都是在尽量降低偶然性，提高必然性。把偶然当成必然，人们将失去进取的动力，就如守株待兔的农夫，他认为兔子撞死在树桩旁是必然事件，结果可想而知。

虽然思维决定行为、行为决定结果不是绝对的真理，存在其偶然性，但在绝大部分情境中还是正确的。所谓付出总会有回报，学习成绩好是平时努力的结果，事业成功也离不开平时的辛苦付出。可行为只能决定结果的方向，不能保证结果达到的程度，毕竟最终结果的影响因素很多，不但有天赋等个人资源还有环境和机遇等外部资源。

我们要充分认识思维、行为、结果的辩证关系，只有这样才能坚定我们做事的方式，也更有利于抓住偶然出现的机会，成就自己的人生。

第三节
思维是把双刃剑

在一次洪水中，一个农民的妻子和孩子同时落水，他救起了妻子，而孩子却被洪水无情地冲走了。

于是，社会上发起了激烈的讨论：如果只能救活一人，究竟应该救妻子呢，还是救孩子？

然而没有人能说服对方，都觉得自己的说法是对的。

于是就有记者去采访这个农民，问他当时到底是怎么想的，为什么要先救自己的妻子。这个农民非常痛苦地摇了摇头，回答道："我当时什么也没想。洪水袭来时，妻子就在我的身边，我抓住她就往附近的山坡游。当我返回时，孩子已经被洪水冲走了。"说完就是一阵长吁短叹，喃喃地补充道："如果可以，我想两个人都救上来啊！我哪一个都不想失去。"记者哑然。

如果这个人当时认真思考到底是先救妻子还是先救孩子的话，可能就失去稍纵即逝的机会，连自己的妻子也救不了，所以人们脱离具体环境去讨论到底救谁本身就是一件毫无意义的事情。

如果我们设定前提条件：第一，妻子和孩子两个人都能在水里坚持三分钟不被冲走；第二，救出这两个人的难度是一样的；第三，救一个人需要三分钟；第四，当事人知道前面三个条件。

当这样的问题摆在人们面前，就成了一个非常残酷的选择题。绝大部分人都会面临两个选择：①救妻子；② 救孩子。

救妻子好？救孩子好？不同思维方式的人会做出不同的选择。

然而现实中根本不存在这么多如果，也很难同时满足这么多条件。“我和婆婆同时掉水里你先救谁？”这句话成为很多女生测试男朋友或老公对自己感情的一道选择题，这样的选择题本身就是一个违背人伦的、一种错误导向的、彻头彻尾的伪命题。

思维是一把双刃剑，既能使人的创造力不断提升，也能让人陷入泥潭。

有一位建筑工人，在一次高空作业时摔了下来。由于地面比较松软，摔得不是很严重，虽然浑身多处感觉到疼痛，但他还是自己爬起来走回到宿舍中，工友们都建议他去医院检查一下，但他并没当回事。

休息了几天后，他感到腿部的不适并没有多大的缓解，就以为出了毛病，而且逢人便说自己的腿摔坏了。在这样强烈的自我暗示下，不久他果然不敢走了，于是便去了医院。检查过后除了红肿之外并没有发现有严重的结构性损伤，医生给他开了些消炎的药就让他回家了。

可是过了几天，腿部疼痛感并没有减轻很多。他的一位工友告诉他：自己有位朋友从高处摔下来后造成了较为严重的损伤，听说后来引起尿失禁。这位建筑工人听到这个消息之后，天天精神恍惚，生怕自己会尿失禁。没过几天这个人果真出现了“尿失禁”，每天尿床。

显然，这就是吓出来的尿失禁。一个人的健康受多种因素的影响，其中心理因素是非常重要的一种。不断的心理暗示造成了人们思维方式的转变，从而不断放大疾病本身对身体的影响程度。

思维的破坏性在我们生活中屡见不鲜。思维方式无所谓绝对的好与坏，是一种辩证的关系。任何思维方式都有利有弊，我们只能说在某一特定的环境下这种思维方式是利大于弊还是弊大于利，所以我们探究思维方式离不开环境因素和资源因素，必须客观地分析对待，不分青红皂白地说某种思维方式好、某种思维方式不好，就会陷入思维的陷阱。也可以说思维是把双刃剑，特定的环境采用合理的思维方式就会达到理想的效果，反之则会适得其反。

ESSENCE OF THINKING

揭秘思维的困局与破局

第二部分

思维的困局

生活之困，困于心，而非限于行。

ESSENCE OF THINKING

维度

揭秘思维的困局与破局

第五章

那些让你欲罢不能的习惯——惯性思维

没有人愿意承认自己墨守成规，但总有人故步自封。

思维的惯性人皆有之，情境不变，惯性思维使人能够应用已掌握的方法快速解决问题；但是在情境发生变化时，它则会让人们遇到极大的阻力。

第一节 习惯的力量

据传，曾国藩天资并不是很聪明，他年

轻时曾经发生过这样一个故事。有一天晚上，曾国藩在家读书，对一篇文章不知道重复读了多少遍，还是没有背下来，仍然在不停地朗读。这可急坏了屋外的一个人，原来有一个贼，一直潜伏在他的屋檐下，希望等读书人睡觉之后捞点好处。可是等啊等，就是不见他睡觉，他一直翻来覆去地读那篇文章。贼人大怒，跳出来说："这种水平读什么书？"然后将那文章背诵一遍，扬长而去。看似一则笑话，实际上说明了曾国藩的阅读习惯。

仔细研读曾国藩，会发现其终生有两大习惯，一是写作的习惯，二是阅读的习惯。这两个习惯的长期坚持让其终身受益。成功未必是由习惯决定，良好的习惯不一定让一个人必然成功，但一定可以成为迈向成功的助推器。

我们每天从早上起床、上班、下班，一直到晚上睡觉，一天中要做很多事情，同时也面临很多选择。穿袜子是先穿左脚还是先穿右脚？睡觉前是看书还是刷手机？平时喜欢喝茶还是咖啡？进门是先迈左脚还是先迈右脚？……

我们每天都需要做出很多选择，这些选择是不是我们每次都需要认真思考、分析，然后才开始执行？显然不是。当我们打开房间门后，抬脚就进入家中，而没有人会去想我到底要左脚先进还是右脚先进。同样我们早上穿袜子也是随手就穿上了，也没有人去认真考虑先穿哪只脚，用什么方式穿。这些动作都成了我们的习惯。我们平时嗑瓜子没有人会去想要用哪两颗牙齿，而嗑瓜子时都能准确地将瓜子放在那两颗固定的牙齿中间，而且从来不会出错。这就是习惯。

在我们每天众多的行为中，到底有多少是由习惯决定的呢？杜克大学发布的一份研究报告表明，人每天有40%的行为并不是真正需要单独思考而做出，而是出于习惯。也就是说我们每天有将近一半的行为是不需要进行思考的，而有些行为会为我们带来或积极或消极的影响。

喜欢暴饮暴食、不喜欢运动的人会出现肥胖，而生活规律、严于律己的人则会保持好身材、好状态；经常抱怨的人，抱怨的行为已经成为他生活中的一种习惯，这样的习惯就会引起消极的生活态度。勤奋努力的人则会喜欢投入、乐于付出，从而获得积极的生活态度。

习惯是长时间的行为积累形成的。心理学家曾做过一个关于狗鱼的实验。狗鱼是一种很富有攻击性的鱼类，喜欢攻击一些小鱼。科学家们把狗鱼和小鱼放在同一个玻璃缸里，在两者中间隔上一层透明玻璃。狗鱼一开始就试图攻击小鱼，但是每次都撞在玻璃上。它进行了无数次尝试，最后终于明白了，自己无论如何努力也够不到那些小鱼，慢慢地，它放弃了攻击。后来，实验人员拿走了中间的玻璃，这时狗鱼仍没有出现攻击小鱼的行为，这个现象被叫作狗鱼综合征。

习惯人皆有之。南方人习惯吃大米，北方人习惯吃面食，这是生活习惯。有的人饭后喜欢喝茶，而有的人饭后喜欢吃甜点。有的人喜欢户外运动，有的人喜欢待在家里。习惯的不同体现出人与人之间的差异，才有了各色人生。

习惯的改变是一个渐进式的过程。俗话说：江山易改，本性难移。这里本性实际上指的就是每个人所表现出来的行为习惯和思维习惯。任何一个好习惯的培养都不会是一蹴而就、轻而易举的，同样要改变一个习惯，也是一个漫长的过程，是一个从量变积累到质变的过程。

第二节
改变旧习惯，养成新习惯

小王今年29岁，身高1.76米，上大学的时候126斤，是个标准的型男。大学毕业三年后，体重飙升至287斤，而现在他的体重143斤，是典型的穿衣显瘦脱衣有肉的肌肉男神。

大学毕业之后，由于工作压力大，他毫无节制地应酬、加餐、熬夜，大学时经常参加运动的他天天奔波于饭局，并渐渐养成了吃零食、甜食的习惯，也失去了运动的动力。平时很喜欢和朋友们聚餐，基本上是两天一小聚、一周一大聚，乐此不疲。

几年下来，小王周边的同学陆续买车买房，而他依然两手空空，没有什么积蓄。由于长期不规律的生活，暴饮暴食，加上平常很少运动，熬夜加班，导致体重飞速增加，慢慢地变成了将近300斤的胖子。最让他痛心的是恋爱了五年之久的女友也离他而去。这一度让他陷入极度的自卑之中，对自己没有了自信，生活更加颓废。

更为严重的是，肥胖让小王的健康也亮起了红灯，失眠、噩梦、便秘、皮肤油腻、湿气重、常出虚汗，整天精神萎靡，走个楼梯也是气喘吁吁、疲惫不堪。二十六七岁的他没有年轻人的活力，却满是中年大叔的油腻。

真正让小王意识到危机并痛下决心要改变的是有一次晕倒在公司的卫生间里。当他在医院里苏醒过来的时候，医生告诉他，他现在的身体状态非常不好，过度肥胖导致了他重度脂肪肝，血压超过二百，如果再不加节制，健康状态堪忧。

在小王住院期间，病房里收治了一位由高血压导致脑溢血的病人，看着病友术后的状态，他彻底害怕了。于是决定改变当前的生活和身体状态，在咨询了相关专家后做了详细的减肥计划。

当然在执行计划过程中小王也遇到了很大的阻力，但他还是坚持下来了，并最终取得了成功。两年的时间，小王成功减重一百四十多斤，不但身体状态、精神状态发生了较大的变化，生活和工作也变得更加丰富多彩。

美国知名习惯专家查尔斯·都希格将人类习惯的产生过程分为三个步骤。第一步，存在着一个暗示，能让大脑进入某种自动行为模式，并决定使用哪种习惯。第二步，存在一个惯常行为，这可以是身体、思维或情感方面的。第三步，则是奖赏，让你的大脑辨识出是否应该记下这个回路，以备将来之用。慢慢地，这个由暗示、惯常行为、奖赏组成的回路变得越来越自动化，线索和奖赏交织在一起，直到强烈的参与意识与欲望出现，最终习惯就诞生了。查尔斯·都希格也认为习惯并非确定不变的，习惯是可以被改变或者替代的。

我们日常生活中的习惯也是各式各样。根据习惯的形成模式，习惯大体可分为模仿型习惯、强化型习惯、奖惩型习惯、心理暗示型习惯四大类。

模仿型习惯。模仿型习惯主要是对别人进行模仿而产生的习惯。小孩在成长过程中形成的很多习惯都是基于模仿。早上起床后先洗脸刷牙已经成为绝大部分人的一种固有行为方式，这样的行为深植于每个人的日常生活中。这样的习惯是怎么形成的呢？主要有两方面的原因：第一，模仿。小孩子对刷牙的原始兴趣来自家长，兴趣源自好奇，进而导向于行为，从而产生模仿。第二，长期的潜移默化。大人早上起床的第一件事就是洗脸刷牙，在大人长期同一行为的重复和坚持的影响下，孩子心中就必然会觉得人起床后第一件事就应该是洗脸刷牙，从而形成对这一行为的一种固定思维模式。同样，一些伟人好的习惯方式也被很多成人模仿，这都属于模仿型习惯。

强化型习惯。行为心理学研究表明：21天以上的重复会形成习惯；90天的重复会形成稳定的习惯。即同一个动作，重复21天就会变成习惯性的动作。所以培养我们的行为习惯有多难？最难的就是前三周，而三个月后就可以形成稳定习惯。所以不断地重复就成了养成习惯的必经之路。

奖惩型习惯。这是日常生活中最常见的一种习惯养成模式。鱼鹰捕完鱼会得到渔夫的奖励，捕不到会受到惩罚；马戏团的猴子表演完节目也会得到主人的奖励，表演得不好则会受到惩罚。在动物身上这些行为模式非常简单。由于人的行为的复杂化以及需求的多样性，奖惩型习惯培养模式则要复杂得多。

心理暗示型习惯。每个刻苦减肥的人都知道，减肥是为了健康，更是为了美。每个人心中都会有这样的期待：瘦了以后的自己是多么光彩夺目，有六块腹肌的自己又是多么令人注目。所以才会在操场上枯燥地跑圈，在健身房挥汗如雨，久而久之，运动便成了习惯。

当然，习惯的培养是一种复杂的行为模式，绝非靠单一的方法就能简单实现的，多种方式、多个层次的联合效应才能取得成效的最大化。

习惯也有好坏之分，好的习惯让人积极向上，会成为迈向成功的助力，而坏的习惯则不断约束前进的脚步，甚至会威胁生命。所以我们要逐步改掉不好的习惯，养成良好的习惯。

习惯的形成是一个长期的行为或思维意识积累的过程，改变习惯也绝非一朝一夕可以做到的，需要一个较长的过程。我们都知道，当一个百米运动员在终点冲线的时候，他没法突然一下子停下来，这是惯性的作用。那如何让他停下来呢？惯性的形成是力的作用，要打破惯性则需要增加一个反作用力，这是基本的物理知识。惯性思维也是长时间某种力的作用，所以要打破它也需要我们人为地设置一种力量，并坚持执行。

那我们如何改变呢？

第一，我们需要认识坏习惯。发现坏习惯是改变的第一步。即便我们身上具有很多不好的习惯，但我们并不认为这是坏习惯，对此不以为意，没有意识到其恶劣影响，改变也就无从谈起。

第二，我们需要树立坚定的信念去改变它。内因是改变的主要因素，我们发现了自身的不良习惯，也意识到对自己的破坏力，接下来就需要树立坚定的信念去改变它，以达到自己想要的结果。

第三，我们要设定一个目标。譬如我要减肥，那我需要通过两种方式来实现目标，第一是增加消耗，第二是控制摄入。目标的设定绝不是一步到位的，是一个循序渐进的过程。需要不断分解、调整、修正，将总体目标拆解成很多小目标，通过一个个小目标的完成从而实现习惯的改变。我们必须要有足够的耐心，目标的制定必须务实，切记不能好高骛远、不切实际。

第四，我们需要制定详细的执行方案并努力遵守。任何一个目标的实现都需要具体的执行方案来支撑。没有行为支撑的目标是水中月镜中花，是无法实现的。所以我们要针对自己的每一个目标制订详细的执行方案，并按照方案严格执行。

第五，有适当的奖惩机制。每完成一个小目标可以给自己一点适当的奖励，从而让自己在执行中能产生更大的动力。同样，如果完不成就要适当地进行惩罚，这样才能保证下一个目标有效完成。奖惩效应在习惯的改变过程中起着非常大的作用。

第三节
惯性思维的水锤效应

水锤效应是一种物理现象，指的是当水管的阀门突然关闭，水流在惯性的作用下会对阀门及管壁瞬间有一个巨大的压力并产生破坏作用。水锤效应的形成是由于水流惯性产生的类似锤击的冲击力。同样，思维在惯性的作用下形成的惯性思维也会产生一些负面的效应。

美国科普作家阿西莫夫从小就聪明，年轻时多次参加“智商测试”，得分总在160左右，属于“天赋极高者”之列，他一直为此而洋洋得意。

有一次，他遇到一位汽车修理工，是他的老熟人。修理工对阿西莫夫说：“嗨，博士！我来考考你的智力，出一道思考题，看你能不能回答正确。”阿西莫夫点头同意。

修理工便开始说思考题：“有一位既聋又哑的人，想买几根钉子，来到五金商店，对售货员做了这样一个手势——左手两个指头立在柜台上，右手握紧拳头做出敲击状。售货员见状，先给他拿来一把锤子，聋哑人摇摇头，指了指立着的那两根指头。于是售货员就明白了，聋哑人想买的是钉子。聋哑人买好钉子，刚走出商店，接着进来一位盲人。这位盲人想买一把剪刀，请问盲人将会怎样做？”

阿西莫夫顺口答道：“盲人肯定会这样。”

说着，伸出食指和中指，做出剪刀的形状。

汽车修理工一听笑了：“哈哈，你答错了吧！盲人想买剪刀，只需要开口说‘我买剪刀’就行了，他干吗要做手势呀！”

智商160的阿西莫夫，这时才恍然大悟。他之所以答错就是因为思维的惯性，聋哑人购物传达出来的信息是需要借助于肢体语言来对事物进行描述。而接下来主人公的身份迅速发生切换，变成盲人，阿西莫夫没有将信息进行充分加工而是沿用之前的思维惯性快速回答，所以出现了偏差。其实这个跟智商没有什么关系，修理工只是巧妙地利用了阿西莫夫的思维惯性，让他进入到自己提前设定好的圈套。

惯性思维的产生基本上有两种情况。一是人们在长期的生活中，利用自己的经验和知识对事物的发展不断地归纳总结，并进行强化而产生的一些固定的思维模式。譬如我们在开车过程中什么时间该刹车、刹车的力度需要多大等等，都是根据以往的经验在进行操作，是一种典型的惯性思维。因为这些经验和常识在平时解决问题时非常有效，通过平时不断重复从而形成了思维的定势。另外一种则是在别人提前设定好的场景下，没有进行认真的分析，在惯性的作用下做出的行为决策。阿西莫夫的案例就属于此类惯性思维。

惯性思维同样是有利有弊，正如水锤效应一样，利用得好可以发挥积极作用，水雷在水中的爆破就是水锤效应的应用，反之如果利用不好就会产生巨大的破坏力。譬如我们提到的刹车问题，在绝大多数情境下是有利的，尤其是遇到突发事件时，这样的思维惯性会产生极大的影响，关键时刻能挽救人们的生命。然而当外部环境发生变化时，惯性思维则会成为人们的精神枷锁。

首先，惯性思维是建立在环境变化不大的基础上的，无法应对新情况。还是以刹车为例，惯性思维有效的前提是驾驶环境变化不大，如果将车置于冰面上而不是传统的马路上，通过惯性思维而做出的刹车行为就会不合时宜，甚至产生灭顶之灾。我们都知道在冰面上开车点刹的效果要优于传统刹车模式。因此，惯性思维就变成了运用旧方法处理新问题，经验也就变成了一种对思维的束缚。

其次，惯性思维不利于创新。对经验的过度依赖容易使人失去创新的动力。惯性思维的核心是经验主义，固守传统。守旧则无以创新，没有创新人类社会就没有进步。由于惯性思维过于教条主义，阻碍了人类智慧的发挥和挖掘，无法充分发挥个人的主观能动性，是对人类智慧的束缚。

再次，惯性思维容易让人产生惰性。惯性思维其实就是思维的惰性，在遇到问题时人们的潜意识反应就是根据经验去解决问题，在绝大多数情境下这样的惯性是有效的，也能部分甚至全部地解决所遇到的问题，于是便对经验形成了依赖。久而久之人们就失去了进取的动力，从而产生了惰性。

当今的世界处于巨变的时代，世界上唯一不变的就是变化，无数的新事物、新观念不断涌现，周围的环境也在时时刻刻发生着变化。固守经验已经让我们无法适应当今快速发展的大环境，惯性思维会让我们无法融入快速发展的人类社会。要准确地认知与适应这个日新月异的环境，我们就要抛弃思维定式、突破思维的惯性。

第四节
打破惯性

某日，吴王孙权命人给曹操送来一只大象，曹操带领自己的儿子和文武百官一同前去观看。

曹操身边的人大都没有见过大象。大象又高又大，光腿就有大殿的柱子那么粗，人走近去比一比，还够不到它的肚子。

曹操对大家说："这只大象真是大，可是到底有多重呢？你们哪个有办法称它一称？"这么个大家伙，可怎么称呢！大臣们都纷纷议论开了。

一个说："只有造一杆巨大的秤来称。"

而另一个说："这得要造多大一杆秤呀！再说，大象是活的，也没办法称呀！我看只有把它宰了，切成块儿称。"

他的话刚说完，所有的人都哈哈大笑起来。有人说："你这个办法可不行啊，为了称重量，就把大象活活给宰了，不可惜吗？"

大臣们想了许多办法，没有一个行得通，大家都束手无策。

这时，从人群里走出一个小孩，对曹操说："我有个办法，可以称大象。”

曹操一看，正是他最心爱的儿子曹冲，就笑着说：“你小小年纪，有什么办法？你倒说说，看有没有道理。”

曹冲在曹操耳边，轻声地讲了起来。曹操一听连连叫好，吩咐下属准备称大象，然后对大臣们说：“走！咱们到河边看称大象去！”

众大臣跟随曹操来到河边。河里停着一只大船，曹冲叫人把大象牵到船上，等船身稳定了，在船舷上齐水面的地方，刻了一条标记线。再叫人把大象牵到岸上来，将石头一块一块地往船上装，船身就一点儿一点儿往下沉。等船身沉到刚才刻的那条线和水面一样齐了，曹冲就叫人停止装石头。

大臣们睁大了眼睛，起先还摸不清是怎么回事，看到这里不由得连声称赞：“好办法！好办法！”

现在谁都明白，只要把船里的石头都称一下，把重量加起来，就知道大象有多重了。

惯性思维实质上是大脑的惰性反应，面对正在发生的事件，首先是用已经形成的思维模式或历史经验总结出来的处理方法来应对，而不是对事物本身进行客观的分析从而建立新的思考方向。

面对一个像大象之类的庞然大物时，我们要称其重量，常规的想法无非有两种：一种是将大象拆解，分开来进行称重；第二种就是需要一个能和大象体重匹配的称重工具。很显然，曹操的大臣们都陷入惯性思维的泥潭中，而这两种方式的可执行性都比较差，无法满足当时的需求，所以大臣们束手无策。而曹冲则突破了思维的惯性，想出了用等量代换的模式称出大象的体重。这是打破惯性思维的一个很好的案例。

所以，在环境不变的条件下，惯性思维使人能够应用已掌握的方法迅速解决问题，但是在情境发生变化时，它则会让人们遇到阻力，只有不断地打破思维惯性，才能更好地解决难题。未来的世界是创新的世界，技术创新、商业创新、理念创新等都是我们必须要面对的社会现实，固守传统的思维惯性，创新是无法实现的。

第六章

非黑即白？
太过绝对的黑白思维

事情只有对错之分吗？黑与白的边界是什么？冲突的本质是什么？如何解决冲突？

真理往往始于混沌，从灰度中脱颖而出，随时空而变。

第一节
生活原本多彩，何止黑与白

哲学上对世界本原问题一直存在一元论、二元论和多元论的争论。一元论是主张世界的本原有且只有一个的哲学学说。唯物主义一元论认为世界的本原有且只有一个，就是物质；唯心主义一元论则认为，世界的本原有且只有一个，那就是精神。二元论认为世界的本原是物质和意识。而多元论则认为世界是由多种本原构成的。

一二三是哲学意义上的争论，类似鸡生蛋和蛋生鸡的问题，在短时间内很难形成统一意见。阴阳学说是我国古代的主要哲学思想，影响了数千年的中华文明。表面上看阴阳是相对的两个独立面，实则阴阳互生互化，并无绝对的界限，世界上没有纯阴也无至阳。

有小孩的人都有这样的体会，当你带小孩去看电影的时候，每出现一个人物时孩子都会问一句："这是个好人还是坏人？"在孩子的眼里每个人物都会打上好人或坏人的标签，他们简单地认为非好即坏。事实真的如此吗？生活中只存在好与坏、对与错、是与非、利与弊、黑与白吗？

威廉·米利根1955年生于美国迈阿密。他的妈妈多萝西出生于俄亥俄州一农场，有过三段婚姻，第一任丈夫叫迪克，第二任丈夫是犹太喜剧演员莫里森，第三任名叫卡尔莫。威廉·米利根是多萝西和莫里森的二儿子。多萝西的三段婚姻都不完美，莫里森酗酒赌博欠债最后自杀，卡尔莫也是脾气暴躁的怪人。威廉·米利根就是在这样的环境中长大。

1975年，威廉·米利根因持械抢劫被捕，2年后获得假释出狱。但1977年又因犯下三宗强奸罪再度被警方逮捕。本来人证物证俱全，他的罪名是坐实了，可他根本不记得自己这么做过，最终在辩护律师帮助下，原本要判终身监禁，却被无罪释放，但须接受精神治疗，米利根也成为美国史上首个犯下重罪，却无罪释放的嫌犯。

看起来是不是不可思议？然而这样的事却真实发生了。一个罪不可赦的人却被释放，是法律的问题还是其他什么问题？

美国最具权威的精神专家和心理学专家介入了案情的调查。经过数月的密切观察和详细分析后，威廉·米利根被认定是一名精神分裂症患者，被挖掘出来的人格一共有24种。这些人格中，有小孩，有兄妹，有暴力倾向者，有女同性恋，有工作狂，有精通逃生术的专家，有老师，有骗子，有喜剧演员，有英国人，有澳大利亚人，有男人，有女人……这些人格的智商、国籍、语言、性别、口音、年龄都不一样，其中最小的只有3岁，最大的26岁。

威廉·米利根是好人还是坏人？显然我们无法一概而论。当然类似于威廉·米利根这样的案例极为少见，然而在日常生活中人们表现出多面性却是毋庸置疑的。他们在不同的人面前表现出来的面目是不一样的，父母面前的任性、师长面前的乖巧、友人面前的活泼、孩子面前的严肃……每个人都会有多面性。生活是复杂多变的，也是无限精彩的，所以我们不能仅仅用好与坏、对与错、黑与白这样绝对的二元论来认识世界。

从纯粹色彩的角度来说，你知道世界上有多少种颜色吗？很多人都会回答赤橙黄绿青蓝紫七种。这样的答案是不准确的，这七种只是色彩里面的七个色系而已，世界上的颜色有无限种。即便我们追溯颜色的本原，绝大部分颜色也都是由红黄蓝三色组合而成，也就是我们俗称的三原色。

世界如此精彩，如果我们落入非黑即白的思维陷阱里，生活就会缺乏亮度和温度。在黑与白之间还有无限多的中间色，我们只有看到这些中间色的存在，才能看到生活的精彩之处，也才能真正体味生活不是只有甜和苦的世界，而是一个酸甜苦辣咸的多味世界。

二维世界只是一种理想的状态，具体真的有没有，至少目前还没有足够的证据可以证明。对与错、黑与白也是相对的，世界是多维度的，思维也是多维度的。

第二节
扭曲的黑白思维

非此即彼、非对即错、非好即坏、非黑即白，是不少人在成长中养成的一种二元思维习惯，是一种比较极端、绝对化的思维方式。他们的思维逻辑是，世界上只存在好人与坏人两种，事情只有对错之分，所有的事物只能有好和坏、美与丑、对与错、祸与福，没有任何的其他选项。这意味着把任何事物都分成两个极端，用黑白两种方式感知世界。

我们大多数人都知道，世界并不是黑白分明的，黑白之间没有非常明确的界限。很多人都喜欢用硬币的两面论来解释事情只存在正反两个方面，可一枚硬币真的只有正反两面吗？他们忽略了硬币的侧面，从理论上来讲，每抛一次硬币都有无数种可能，除了正反，侧面的任何一个角度都可能出现，只是在现实中硬币受环境的限制出现正反两面的概率更大而已，而不是硬币只有正反两面。

小时候读焚书坑儒的故事，秦始皇烧毁诗书，杀死那么多文人志士，我们认为他就是个罪大恶极、十恶不赦的坏人，因为在小孩眼里只有好人和坏人之分。后来随着年龄和阅历的增加，逐步了解到秦始皇确立中央集权、统一文字、统一度量衡、修建秦长城，对中国社会发展做出了极大的贡献，其成就可谓前无古人、震古烁今。

每个人都有优点，每个人也同样都有缺点，如果只盯着优点说这个人是好人或者只盯着缺点说这个人是坏人，就会陷入以偏概全的陷阱之中，是一种极端的思维方式，是不客观的。每个人都是一个综合体，盲目评判好与坏往往会有悖于现实。

对与错、好与坏、黑与白本身就是一个相对的概念，任何事物都有其积极和消极的一面，要么全盘肯定，要么全盘否定，把所有事物都简单地分为“好”与“坏”两种状态是不客观的，在黑与白之间还存在着一个中间地带。看问题不应该仅仅局限于两个角度，要从更多的维度来分析，这样才能避免走向极端，有利于做出更为客观和准确的决策。

非黑即白是一种线性的二元思维方式，容易陷入极端、固执、钻牛角尖的泥潭，走不出自己给自己设置的牢笼。我们生活中常见的完美主义者、抑郁症患者等大都使用黑白思维方式去认知世界、思考问题。他们容忍不了自己的不完美，看不得事情的任何缺点，自己的心理产生强大的压力，从而表现出焦虑、抑郁等症状。只有从多维度考虑问题，容忍自己和别人的不完美，允许黑白之间中间地带的存在，才能更加客观地认识世界，从而减轻自己的心理负担，走出焦虑。

第三节
不可不知的灰度哲学

灰度哲学起源于华为，是华为内部的管理思想的哲学体现。任正非曾经说过："任何黑的、白的观点都是容易鼓动人心的，而我们恰恰不需要黑的，或白的，我们需要的是灰色的观点，在黑白之间寻求平衡。一个清晰的方向，是在混沌中产生的，它从灰度中脱颖而出，随时间与空间而变化，又常常会变得不清晰，并不是非白即黑、非此即彼。"

老子在《道德经》中提到：道生一，一生二，二生三，三生万物。我们生活中应该明一、知二、寻三，只有找到除了一和二之外的三才能更好地探索世界，揭示万物的运行规律。跳出非黑即白的二元思维模式，寻找中间地带，才是明智的生存智慧。

某公司招聘员工，有这样一道面试题。

一个狂风暴雨的晚上，你开车经过一个车站，发现有三个人正苦苦地等待公交车的到来：第一个是看上去濒临死亡的老妇，第二个是曾经挽救过你生命的医生，第三个是你的梦中情人。你的汽车只能容得下一位乘客，你选择谁？

每个应聘者做出了不同的选择，当然他们也有各自的理由。选择老妇的人认为，她很快就会死去，首要的任务是挽救她的生命，毕竟生命重于一切，所以应该首选老妇。选择医生的人认为，一是因为他曾经救过自己的命，滴水之恩涌泉相报，要做个懂得感恩的人，这是人格的高尚；二是因为，医生的本质是救死扶伤，说不定有着急的病人正在等待他的救助，选择医生能尽更大的社会责任。而选择梦中情人的人则认为，自己苦苦寻找的梦中情人终于出现，如果错过这个机会，自己将后悔终生。

从众多应聘者的初衷来看，似乎选择哪个都是对的。

在诸多候选人中，最后获聘者的答案是“我把车钥匙交给医生，让他赶紧把老妇送往医院，而我则留下来，陪着我心爱的人一起等候公交车的到来”。

这是一个典型的非黑即白的思维命题，要么选这个要么选那个，但按照题目的要求做出选择就会掉入其设定好的圈套，因为每个选择都可黑可白，有合理的方面也有槽点。其实这样的问题并没有正确答案，考验的是应聘者的思维能力，所谓的正确只是你的回答契合了招聘者的思维逻辑。从道德上来讲，这样的选择题是有违社会公德的，从考验思维能力方面来讲这道题的设计又是比较精妙的。这道题的本质是寻找选项之外的灰色空间，也就是跳出黑白选项，做出更优决策。

自古以来，有关人性善恶的问题就是人们关注和讨论的焦点。其中“性善论”与“性恶论”是关于人性的两种最普遍的看法，也是争论最持久的两种观点，直到现在也没人能断其胜负。在中国，最著名的代表人物是先秦时期的孟子和荀子。

《孟子·告子上》提出：“水信无分于东西。无分于上下乎？人性之善也，犹水之就下也。人无有不善，水无有不下。”人性是善良的，就像水往下流一样。人性没有不善良的，水没有不向下流的。“恻隐之心，人皆有之；羞恶之心，人皆有之；恭敬之心，人皆有之；是非之心，人皆有之。恻隐之心，仁也；羞恶之心，义也；恭敬之心，礼也；是非之心，智也。仁义礼智，非由外铄我也，我固有之也。”孟子认为“恻隐之心、羞恶之心、恭敬之心、是非之心”是人之本性，并进而衍生为仁、义、礼、智。孟子认为，善良是人的本性，不善是受外力影响所致，并不是人的本性。

而荀子却说“人之生也固小人”“好恶喜怒哀乐臧焉，夫是之谓天情”“性之好、恶、喜、怒、哀、乐谓之情”。荀子认为人性有恶，强调道德教育的必要性。“性”为人的先天素质、人的自然状态，它完全排除任何后天人为的因素。

孟子和荀子关于人性的观点针锋相对，但两人都认识到后天环境和教育对人性有重要的影响，都主张通过后天环境的影响、教育的教化和自我修养的提升，使人达到善的境界。

儒家思想的创始人孔子曾有“性相近也，习相远也”的观点，指出人的天赋素质相近，只是由于后天教育和社会环境的影响，才造成人的发展有重大的差别。

“非黑即白”的思维模式深深植根于我们的日常生活中，它无处不在，在我们身边随处可见。灰度哲学让我们认识到事物的多面性，除了善恶、对错、黑白之外，还存在其他诸多因素，更有利于我们分析和认清事物的本质。同样，我们的思维模式也应该抛开黑与白的绝对界限，多维度地进行思考，从而更好地指导我们的行为模式。

在家庭生活中，夫妻间发生争吵是司空见惯的事情，存在于绝大部分家庭中，那种“举案齐眉”式的家庭生活在现实中少之又少。夫妻间争吵的原因是什么？生活中产生矛盾大都是因为一些鸡毛蒜皮的小事，而事情的本身只是矛盾的外在表现形式，真正的原因则是非黑即白的二元思维在作祟。认为对方是错的，自己是对的，这才是矛盾产生的根本。

矛盾和冲突是不可避免的，矛盾和冲突最后的解决方案有哪些呢？总体来说有两大类，一类是妥协，一类是折中。妥协就是一方服从另一方，这样看似解决了矛盾，实则暗藏巨大的危机，可能引发下一轮更为剧烈的冲突，因为几乎没有人会心甘情愿地承认自己是错的而无条件地接受对方。折中就是跳出黑白思维的束缚，寻找双方都能接受的中间地带，这样的解决方案才是相对稳定的，不会留有隐患。鲁迅在《无声的中国》一文中提到：“中国人的性情是总喜欢调和折中的，譬如你说，这屋子太暗，须在这里开一个窗，大家一定是不允许的。但是如果你主张拆掉屋顶，他们就会来调和，愿意开窗了。”这就是拆屋效应。其实不光中国人，世界上所有的人都是一样，人性是相通的。遇到矛盾和冲突，双方各自退让一步才能达成和解方案，否则即便短时间内靠外力的影响暂时中止冲突，也会为后来冲突的进一步爆发埋下伏笔。

小至个人、家庭，大至社会、国家，产生冲突貌似是因为资源和利益，实则是非黑即白的二元思维所致。中西方文化的冲突也是这个道理。摆脱非黑即白的二元思维模式，世界上的绝大部分冲突是可以避免的。跳出非黑即白的二元思维，寻找灰色地带，得到双方都能接受的解决方案才能根本性地解决冲突。

第七章

不思进取的外驱思维

我们能依赖外力吗？外力能给我们带来多少帮助？外驱思维让我们失去什么？

外力可期，可借，但不可苛求、无法依赖。外驱思维是过度依赖外部环境而形成的惰性心理和依赖心理。

第一节 “等等我”害了多少人

小雪是个三岁多的小姑娘，上幼儿园小班，

聪明伶俐、活泼可爱，在家里是父母的宝贝疙瘩，在幼儿园是老师眼里的香饽饽，在邻居眼里就是所谓的“别人家的孩子”。

有一次周末，适逢春暖花开、天气晴好，爸爸妈妈决定带她去公园玩。小雪从小养成出门不让爸爸妈妈抱着的习惯，即便是在刚学会走路没多久，她出门也从不让爸爸妈妈抱。公园很大，他们边走边玩，绕着公园走了将近一圈。马上就到中午了，小雪已经非常疲惫，慢慢有点跟不上爸爸妈妈的脚步了。爸爸和妈妈说着话，不知不觉小雪已经被落下了将近二十米。

“爸爸妈妈，等等我！”小雪有点不悦地向走在前面的爸爸妈妈喊道。

“你快点走，追上我们啊。”爸爸回应道。

“可是，我累了。”小雪撅起了小嘴，并停了下来。

“那你也应该加快脚步追上来！”爸爸放慢了脚步，但并没有停下来，更没有回头去迎一下她的意思。

“可是我真没劲儿了！”小雪有点委屈地说道。

“你这样停下来，只能离我们越来越远。爸爸相信你能追上来的，加油！”爸爸鼓励地说道。

眼见与爸爸妈妈的距离一点点变得更远，小雪虽然委屈，但还是一咬牙跑着追了上去。

“宝贝，真棒！爸爸知道你累了，中午奖励你吃肯德基吧。”爸爸表扬道。

“好啊！好啊！”一听要吃肯德基，小雪心中的怨气顿时烟消云散。

“宝贝，爸爸问你一个问题。”爸爸低声说道。

“什么问题？”小雪睁大眼睛抬头望着爸爸。

“像刚才爸爸妈妈在前面走，你在后面走，你如何才能追上爸爸妈妈？”爸爸问道。

“我跑着就追上了！”小雪自豪地说。

“还有其他办法吗？”爸爸追问。

“你们停下来，我不用跑也能追上。”小雪又撅起了小嘴，显然还是为爸爸妈妈刚才不等她而愤愤不平。

“还有别的办法吗？”爸爸接着问道。

“好像没有了。”小雪回应说。

“其实你要追上我们有很多种办法，你只说了两种。”爸爸继续说道。

“还有哪几种？”小雪有点疑惑了。

“一种是，我们走得慢点，你走快点。另外一种是我们走得快点，你走得比我们还快。你觉得呢？”爸爸反问小雪。

“对，这样都可以追得上爸爸妈妈。”小雪点点头说。

“你刚才选择了非常好的一种办法。”爸爸对着小雪竖起了一个大拇指，接着问：“你在学校运动会上，参加跑步比赛，别的同学会等你吗？”

“当然不会了。”小雪快速回答说。

“将来你要是上学了，学习成绩不好的话，别的同学没有人会等你，只有你加倍努力，比别人跑得更快才能追上别人。”爸爸摸了摸她的头说道。

小雪点了点头，似乎听懂了。

这是现实生活中的一个真实案例，毫无疑问，爸爸是睿智的，通过一件简单的小事情告诉了孩子社会竞争的残酷性，只有通过自己的努力才能追赶上别人并保持领先。然而我们又有多少人真正能理解其中的真谛呢？即便知道这个朴素的道理，又有多少人能真正做到呢？

达尔文的进化论告诉我们自然社会的发展就是一个适者生存、优胜劣汰的过程。跑得慢的兔子就会被狼、老虎等猛兽吃掉。人类社会何尝不是这样，不学习、不进取就会被别人远远甩在身后。

有一个懒汉，过着衣来伸手、饭来张口的日子，平时都是由老婆照顾他的生活。有一天，老婆要回娘家，大概要耽搁好几天才能回来，不免担心丈夫怎么吃饭。

左思右想，聪明的老婆想出了一个法子，烙了一张大大的饼，中间掏一个比懒汉脑袋稍大的洞，刚好能穿过懒汉的脑袋，套在懒汉的脖子上。这个饼很大，足够懒汉吃上十天半月。老婆做完这一切，才放心地去了娘家。

但在娘家过了几天，老婆又开始担心起家里的懒汉丈夫，担心他会不会饿着，饼有没有吃完。娘家人见她食不知味，夜不能寐，只好让她回家。

这位善良的老婆回到家打开门一看，懒汉一动不动地躺在床上，一探，早已气绝。再看懒汉脖子上的大饼，只少了嘴巴够得着的地方，其他地方都没动。原来这懒汉懒得连头都不愿转动一下，只吃了他嘴巴够得着的地方，而后就这样活活饿死了。

现实生活中类似懒人吃饼的现象也绝不少见，很多人总是将希望寄托在别人身上，纵然你有万贯身家、达官父母，将来的路还是需要自己走，别人可以帮你一时但帮不了你一世。内因是决定成败的关键。梧高凤必至，花香蝶自来，梧桐本身才是吸引凤凰的根本原因，花本身的香味才能招来蝴蝶，那些寄希望于外部因素走向成功的人无异于痴人说梦。外因是次要因素，能影响成败，但不是决定因素，无论多大的鸡蛋都孵化不出凤凰，外因可以给内因提供助力，但决定不了事情的最终走向。

第二节
外因是锦上添花不是雪中送炭

东汉末年，曹操率大军进攻荆州之时，由于刘备、孙权的实力皆不足以对抗曹操，于是刘备孙权两家结成了联盟，共抗曹军。

孙权的大都督周瑜是个嫉妒贤能之人，他一直十分嫉妒刘备的军师诸葛亮的才能，想把他置于死地。他以抗曹需要为由，让诸葛亮立下军令状在十天之内造出十万支箭，如果延误工期造不出十万支箭，便以军法处置，想用几乎不可能完成的任务压垮诸葛亮。

诸葛亮深谙曹操是用兵谨慎之人，于是便巧妙地利用长江的大雾，在夜里仅仅带领数百名士兵，搭乘绑有数千个稻草人的船只前往曹营并击鼓呐喊。由于大雾，曹操摸不清敌方虚实，担心盲目出兵会中了敌军的阴谋，于是命令士兵用箭抗敌，结果曹军的箭支都射在了稻草人身上。诸葛亮借大雾巧设妙计，不费吹灰之力便得到十万多支箭，完成周瑜交给他的任务。

曹军士兵大都是北方人，皆不习水战，在晃动的战船上战力受限，于是曹操将所有船只首尾相连，用铁索绑在一起。这样船上如同平地，曹军士兵战力猛增。

诸葛亮和周瑜根据曹军现状，共同制订了火攻曹营的计划。由于身处曹军东南方向，连日来江上一直刮西北风，用火攻不但烧不着曹军，反而会烧到自己。

周瑜为东风之事闷闷不乐，病倒在床上。诸葛亮知道后，跟周瑜手下人说："周郎之病在心，而不在身。"于是给周瑜开了个"药方"，周瑜打开一看，只见上面写着：欲破曹公，宜用火攻；万事俱备，只欠东风。

周瑜承认自己的心事被诸葛亮猜中，便问诸葛亮有何办法。诸葛亮告诉周瑜他能借来东风。于是便让周瑜为他搭起九尺高的七星坛，然后自己在坛上做法。几天之后，果然刮起了东南风。

最终孙刘联军借助东风在赤壁以火攻大败曹军。这是传说中以少胜多、以弱胜强的著名战役之一，是《三国演义》中诸多战争中较为著名的一场。诸葛亮先借大雾筹齐十万支箭，又借东风击败曹军，草船借箭和借东风的典故从此广为流传。于是有人就说，是大雾和东风成就了诸葛亮，成就了赤壁之战。为什么要说是借东风？所谓的借也就是说东风只是助力，是击败曹军的影响因素之一，而真正决定战争成败的绝不仅仅是东风，还有诸葛亮和周瑜的合理谋划，孙刘联军所有将士的浴血拼杀。外因能助力成功，但不是决定成功的唯一因素。

唯物辩证法告诉我们，事物的发展是内外因共同起作用的结果。内因是事物发展的根据，它是主要因素，决定着事物发展的基本趋向。外因是事物发展的外部条件，是次要因素，它对事物的发展起着加速或延缓的作用，外因必须通过内因而起作用。内因和外因相互依赖、相互联系，在一定条件下还可以相互转化。

由此看来，决定成败的关键是内因，外因是助力成功的必要条件而不是充分条件。只有内因和外因共同作用，才能实现终极目标。仅仅依赖外部条件而忽略自身原因是无法取得成功的。

第三节 外驱思维是何等局限

乌鸦兄弟俩同住在一个窝里。

有一天，窝破了一个洞，每到晚上，两只乌鸦就会冻得瑟瑟发抖。

大乌鸦想："老二会去修的。"

小乌鸦想："老大会去修的。"

结果谁也没有去修。到了白天，太阳出来了，晒得身上暖洋洋的，两只乌鸦就都忘记了晚上是如何瑟瑟发抖的。

后来洞越来越大了。

到了晚上，大乌鸦想："这下老二一定会去修了，窝破成这样，它还能住吗？”

小乌鸦想：“这下老大一定会去修了，窝破成这样，它还能住吗？”

结果哥俩又是谁也没有去修。

慢慢进入深冬，天气越来越冷，北风呼呼地刮着，大雪纷纷。乌鸦兄弟俩都蜷缩在破窝里，哆嗦地叫着：“冷啊！冷啊！”

大乌鸦想：“这样冷的天气，老二一定耐不住，它会去修了。”

小乌鸦想：“这样冷的天气，老大还耐得住吗？它一定会去修了。”

可是谁也没有动手，只是把身子蜷缩得更紧些。

风越刮越凶，雪越下越大。

结果，窝被风吹到地上，两只乌鸦都冻僵了。

两只乌鸦都不愿意自己动手去把窝修好来抵御寒冬，它们都想着对方熬不住寒冷肯定会去修的，结果谁也没去修窝，最终双双冻死在寒冷的夜里。两只乌鸦都将希望寄托在对方身上，想靠别人的劳动或者帮助来完成自己的愿望，这是一种典型的外驱思维。

所谓外驱思维是指忽略自己的主观能动性，主要依靠外部驱动力来实现自己目标的一种思维方式，体现的是一种惰性心理和侥幸心理。在我们日常生活中，外驱思维让很多人受挫甚至陷入困境。

在现代很多人的家庭里，孩子成了一个家庭的核心，家庭所有成员都围着小孩转，家长对孩子是百般疼爱、有求必应，生怕孩子受到一点点委屈。吃喝穿用全部是最好的，家长成了仆人，孩子成了皇帝。出门家长是搬运工，进门家长是保姆，孩子与别的小朋友闹别扭家长是保护神。啃老现象、巨婴现象都是外驱思维带来的恶果，家庭过度溺爱，让孩子从小形成外部驱动的思维模式，从而导致在社会上没有竞争力，陷入只希望依赖别人的尴尬局面。

当一个人把所有的希望都寄托在外部驱动力的基础上，认为别人会帮自己搞定任何事情，认为自己靠别人可以活得不错，不需要自己付出，这样就失去了前进的动力。在这样的思维形态下形成了巨婴心理，缺乏自我认知，只知道依赖别人。

外力可期、可借、可用，但不能形成绝对依赖。美国有一家图书商有一批书滞销，老板天天头疼不已。有一天，他突然想到一个好主意：给总统送去一本，征求他的建议并寻求帮助。总统不愿与这样的商人多纠缠，于是便应付了一句："这本书不错。"老板如获至宝，大做广告："总统喜爱的书！"于是，书被抢购一空。不久，这个老板又有书卖不出去，在尝到了上次甜头之后，又送一本给总统，总统上过一回当，不想让商人利用，就说："这书糟透了。"老板听了，脑子一转，又做广告："总统讨厌的书！"这不但没有让书难卖，反而引起了读者的兴趣，争相抢购，书又售尽。第三次，老板又将书送给总统，总统接受了前两次的教训，便不做任何答复，书商又做广告："令总统难下结论的书！"居然又被一抢而空，商人利用总统大发其财，这就是借助外力取得成功的故事。

作为一个书商，其核心还是要把图书的内容做好，以此来吸引读者，从而实现销售，像那样仅仅靠外力的作用实现的营销效果是不持久的。所以外力可以期望、可以借用，但不能形成依赖。就像我们在风中骑自行车，靠着顺向的风力可以加快我们前进的速度，但如果仅靠风的力量实现前进，这几乎是不可能的事。借助外力的成功经验可以模仿，但不可复制，更不能形成绝对的依赖。

把外部偶然事件当成必然，就相当于把运气误以为实力，会让自己陷入绝境。买过彩票的人都知道，彩票完全是个概率游戏，没有任何规律可以遵循，主要是看运气。运气好的时候可能投注几块就能得到几千、几万甚至几百万。可要是运气不济，即便投入全部身家也可能一无所获。几年前有一次偶然的机会，小孙花十块钱买了人生中的第一次彩票，没想到的是，运气爆棚的他居然中了三万多块钱。突如其来的横财让他暗自窃喜，觉得自己有对彩票感应的天赋。自此之后，小孙就迷上了彩票，自己的绝大部分精力和财富都投入到彩票上。时间慢慢地过去，小孙没有等到彩票带来的暴富，虽说偶尔中过一些小奖，但最终还是将自己辛辛苦苦攒下的二十几万全搭了进去，最后搞得自己倾家荡产。小孙就是将外部的偶然事件当成必然，将运气误以为是实力，期待靠外力来实现暴富，最终却让自己倾家荡产。现实中这样的例子绝不少见，守株待兔的农夫又何尝不是这样的思维模式。

外驱思维是过度依赖外部环境而形成的惰性心理和依赖心

理，限制了个体主观能动性的发挥，无法挖掘出人体的内在潜力，是阻碍个体成功的重要因素。只有摒弃对外部的绝对依赖，将外驱转变为内驱和外驱相结合的双驱动模式，才能在竞争激烈的社会环境中生存、发展、壮大，才能实现个人价值的最大化，更好地为人民、为社会服务。

第八章

过于理想化的换位思维

真的能换位吗？换位能解决问题吗？换位思维的陷阱是什么？

以苛求别人为目标的换位思维，是一种精致的利己主义。

第一节
真的能换位吗？

2020年央视春晚播出的小品《婆婆妈妈》给我们带来了众多欢笑。小品以幽默搞笑的方式演绎出中国的千古难题——婆媳关系。

小品中婆婆和儿媳人前人后的双面人生，让人捧腹大笑的同时也不免让人心酸流泪。在儿子面前婆媳二人互尊互敬、彼此包容，表现得非常融洽。而实际上婆媳关系却非常糟糕，经常是恶语相加、互相指责，婆婆对儿媳不满，儿媳对婆婆不悦，矛盾极其激烈。儿子一出现，两人宛若母女；儿子不在身边，两人则迅速变成宿敌。

儿子一直被蒙在鼓里，并不知道婆媳关系的真实情况。当他的科长也为家里棘手的婆媳关系感到为难时，儿子把科长请到了家里，谎称自己家妈妈和媳妇关系更糟，还请求妈妈和媳妇为他们科长演一场戏，以让科长得到宽慰。

婆媳二人假戏真做，第一次在儿子面前真刀真枪地干了一仗，都以最让对方受伤的方式给对方致命打击，把平时隐藏在心中的愤怒和不满统统发泄出来。果不其然，婆媳两人的真情投入收到了非常好的效果，科长瞬间感觉自己的生活无限美好。

儿子高兴地唱着歌离去，小品也在婆媳握手言和中结束。

小品过程让人捧腹大笑，结果无疑是温馨和谐的。我们在大笑中感受到了婆媳关系的微妙，小品中有一个细节更应该让我们深思。

儿子不在家，婆媳二人大吵。公公受不了二人无休无止的争吵，说了句："要我说你俩这个事儿它就不分个对错，你们俩就应该站在对方的角度来思考问题，比如说你现在是儿媳妇，你现在是婆婆，身份互换了，针对这个事儿你们俩怎么沟通？你俩先换一下。"

于是有了换位后婆媳二人的爆笑语录。

婆婆：妈，我错了。我这个儿媳妇当得太失败了。

儿媳：我这个婆婆不值得人尊敬，什么忙也帮不上。

看似位置换了，二人仍然是站在自己原有位置说出伤害对方的话或表达对对方的不满，只是称呼把"你"改成了"我"。双方信息不变、思考方式不变、对事物的理解不变，仅仅是表面上对调了一下位置，取得的效果也就可想而知了。换位看似容易，可真的要以对方的思考模式来想事情，以对方的行为模式来做事情，这哪是一件容易的事啊。

换位的本质是：假设我是你，假设你是我。但你永远也成不了我，我也成不了你，由于假设本身就是一种理想状态，所以现实生活中绝不会存在真正的换位。换位思考也就成了空中楼阁，根本没有任何现实基础。

第二节
换位思维的陷阱

“成为一只蝙蝠会有怎样的体验？”这是西方哲学家于20世纪50年代提出的一个古怪的问题，美国哲学家托马斯·内格尔让这一问题闻名于世。内格尔的目的是以此来质疑唯物论的哲学思想，并进一步探讨主观意识的重要性。

这样假设性的体验真的有意义吗？用这样的理论来体验世界会有什么样的感觉呢？其实成为一只蝙蝠仅仅是人们理想中根据自己经验的一种构想，是一种典型的虚无主义的换位思维的产物。

人真的能成为一只蝙蝠吗？答案显然是否定的。人受过教育、会思考、会说话、会用眼睛观察事物，所以人成不了蝙蝠；人不会独立飞行，也不会倒挂在房檐下睡觉，更不会从嘴里发出超声波探测物体，所以人成不了蝙蝠。

既然人永远成不了蝙蝠，那如何能感受到成为蝙蝠会是一种什么体验呢？就如同我们问自己如果成为一个水杯会是什么体验，这都是同样荒唐和不可理喻的。

显然，这样的假设性换位没有任何意义。即便是对待同一事物的认知，人与人之间也会存在巨大的差异，阅历、年龄、性别、知识储备、家庭环境、智商水平等，都会导致无法实现真正的换位，一千个人心中有一千个哈姆雷特。

有两只老虎，一只在笼子里，一只在原野上。笼子里的老虎三餐无忧，原野上的老虎自由自在。它们互相羡慕着对方，最后互换了位置。但不久，两只老虎都死了。一只因饥饿而死，一只因忧郁而死。从笼子里放出来的老虎获得了自由却没有捕食的本领，走进笼子的老虎获得了安逸却无法忍受狭小的生活空间。

两只老虎都羡慕对方的生活，于是想到了换位，而换位的结果就是双双丧命。为什么会有这样的结果？两只老虎由于经历不同，它们所掌握的技能和生存状态是不一样的，实现换位后外部环境发生了根本性改变，而自己的技能并没有变化，所以造成了双亡，这就是换位的结果。

所谓换位是将双方的位置、角色进行对调，是一个物理概念。所谓的思维是大脑进行综合分析、加工的一个复杂的心理过程，是一个心理概念，思维受环境、成长过程、知识、经历等多种因素的影响。绝对的换位本身就不可能，要设身处地用别人的思维方式进行思考就更是一件难上加难的事情。

现实生活中换位思维只是一种理想状态，且不说位置本身就不可以更换，即便能换的话，人的思考模式也是无法更换的。因此我们无法简单地将彼此位置的平移作为解决问题的方式，换位思维本身就是一个伪命题。

第三节
换位思维的底层逻辑

一位医生在接到紧急手术的电话后，以最快的速度赶到医院，并用最快的速度换上手术服。当他朝手术室走来时，男孩的父亲失控地对他喊道："你怎么这么晚才来？你难道不知道我儿子正处在危险中吗？你难道一点责任心都没有吗？"

医生淡然地笑着说："很抱歉，刚刚我不在医院，但我一接到电话，就以最快的速度赶来了。现在，我希望您能冷静一下，这样我也好去做我的工作。”

“冷静？如果手术室里躺着的是你的儿子，你能冷静吗？如果现在你的儿子死了，你会怎么样？”男孩的父亲愤怒地说。

医生又淡然地笑了，回答道：“我会默诵《圣经》上的一句话‘我们从尘土中来，也都归于尘土，祝福是主的名字’，请为你的儿子祈祷吧！”

“当一个人对别人的生死漠不关心时，才会给出如此轻巧的建议。”男孩的父亲嘀咕道。

几个小时后，手术顺利完成，医生高兴地从手术室走出来，对男孩的父亲说：“谢天谢地，你的儿子得救了！”然而，还没有等到男孩的父亲答话，他便匆匆离去，并说：“如果有问题，你可以问护士！”

“他怎么如此傲慢？连我问问儿子的情况这几分钟的时间他都等不了吗？”男孩的父亲对护士愤愤不平地说道。

护士的眼泪一下子就流出来了：“他的儿子昨天在一场交通事故中身亡了，当我们叫他来为你的儿子做手术的时候，他正在去殡仪馆的路上，现在，他救活了你的儿子，要赶去完成他儿子的葬礼。”

别人的生活经历过什么，他们的思维方式是如何形成的，他们的处境是什么，他们面临的压力有多大，他们经受怎样的波折和磨难，站在自我的立场是永远体会不到的。医生丧子之痛别人如何能体会得到？我们往往都会犯和这位父亲同样的错误，总希望别人能站在自己的位置去思考问题，让别人与自己感同身受。大部分人所谓的换位思考只是为了让别人理解自己、认可自己的行为准则，这只是为自私寻找一个冠冕堂皇的理由而已，这样的换位思维是索取，更是一种强权行为。

一头猪、一只绵羊和一头奶牛，被牧人关在同一个畜栏里。有一天，牧人将猪从畜栏里捉了出去，只听见猪大声嚎叫，强烈地反抗。绵羊和奶牛讨厌它的嚎叫，于是抱怨道："我们经常被牧人捉去，都没像你这样大呼小叫的。"猪听了回应道："捉你们和捉我完全是两回事，捉你们，只是为了要你们的毛和乳汁，但是捉住我，却是要我的命啊！"

绵羊和奶牛只是根据自己的经验判定而没有真正处于猪的位置，它们完全理解不了猪的处境。因此，立场不同、所处环境不同、资源不同、身份不同的人，是很难了解对方的真实感受的。

换位思维的本质是最大限度地设身处地为他人着想，而不是让别人为自己着想。所以换位思维的本质是让自己理解别人、包容别人，而不是让别人顺应自己。换位思维是想人所想、理解至上的一种思维方式。

而我们日常生活中最常见的换位思维往往是苛求别人理解自己，是一种精致的利己主义思维。所以同样是换位思维，每个人达到的效果是不一样的。在现实生活中要想真正地实现换位是完全不可能的一件事，但换位思维的积极意义也是存在的，将心比心、设身处地为他人多思考，多谦让他人是理解别人的行为和思想不可缺少的一环，也是实现和谐社交的关键所在。

第九章

逆向思维不是万能公式

逆向思维是什么？逆向思维是万能的吗？

向顺是常理，悖逆为求新。顺逆皆智慧，无一不通达。

第一节 逆向思维利在何处

从前，有一个聪明的孩子，名字叫作司马光。有一天，司马光和自己的小伙伴在院子里玩捉迷藏，有人躲在树后面，有人躲在草丛中，有人躲在假山后面。

这时，意外发生了，躲在假山后的小朋友不小心掉进了假山下面的一口大水缸里，水缸里装满了水，如果不及时将孩子救出来，恐怕就要溺水身亡了。

小伙伴们都吓傻了，有些孩子吓得边哭边喊，有的孩子赶紧往家里跑想要向家人求助。只有司马光非常冷静地思考了一下，在附近找到一块大石头，直接向着水缸砸去。

只听“哗啦”一声，水缸被砸出个大窟窿，水缸里的水流了出来，掉进水缸的孩子也得救了。

这是我们耳熟能详的司马光砸缸的故事，司马光小朋友聪明机智，在万分危急的情况下不慌不乱、沉着冷静，跳出了传统思维模式的束缚，利用逆向思维模式快速找到了解救小朋友最快捷有效的办法。下面我们就来详细解析一下逆向思维模式和结构，以及逆向思维利在何处。

首先应该确定我们做事的目标是什么，想达到什么结果。在司马光砸缸的故事里，目标是将落水小朋友救出来，让小朋友从水中脱离，从而达到救出小朋友的目标。

其次，确立实现目标的方案。很明显，在故事中目标就是从水中救出不会游泳的小朋友。要将小朋友从水中救出，本质是要将人和水分离，而实现人水分离的办法无非有两种，一种是将小朋友从水中脱离，另外一种是让水从小朋友周围退去。在传统的认知里，当小朋友掉到水缸里，我们的第一反应是将小朋友从水缸里拉出来，而要实现将人拉出来，可以靠手也可以靠绳子等其他工具，更可以扔一个有浮力的物体让小朋友抓住，实现暂时脱困，然后请求其他人的帮助，这就是第一种实现人水分离的办法，也是最传统的一种办法。在其他小朋友都束手无策而又无力将落水小朋友从水中拉出的时候，司马光采用了第二种方式，那就是将缸砸破，让水从缸中流出，从而达到让小朋友脱困的目的。

司马光采取了一种典型的逆向思维模式。那什么是逆向思维呢？逆向思维又该如何实现呢？

某自助餐厅虽然人流如潮，但因顾客浪费严重从而导致效益不是非常好，于是餐厅规定凡是浪费食物者罚款十元，结果生意一落千丈。后来有人建议餐厅经理将自助餐售价提高十元，并且将规定改为：凡没有浪费食物者奖励十元。结果生意变得非常火爆，而且大部分人都赢得了十元的奖励，杜绝了浪费行为。为了实现拒绝浪费的结果，餐厅看似没有太大区别的两种做法却带来了完全不一样的结果。

由此看来，逆向思维是以目标和结果为导向，进行逆向分析推理，从而得出解决办法的一种思维方式。

逆向思维不但在我们生活中应用非常广泛，在人类的文明进程中也发挥着重大的作用，很多伟大的发明也离不开逆向思维的功劳。

20世纪30年代，匈牙利的比罗和他的兄弟发明了圆珠笔，圆珠笔一经问世迅速风靡全球。这种笔虽然方便却有一个致命的缺点，那就是漏油问题。当圆珠笔写到两万字左右的时候，笔上的滚珠由于磨损就会产生漏油现象，这个弊端困扰着千千万万的使用者，也让商家极为头疼。很多研究者为了解决这个问题付出了大量的劳动，但都无法彻底解决圆珠笔漏油给使用者带来的困扰，他们在滚珠耐磨研究上付出了诸多努力但都收效甚微。1950年，日本的一个商人觉得既然解决不了滚珠的问题那就控制笔中的油量，于是他改变对滚珠耐磨研究的惯例，设法控制笔中的油量，在滚珠磨损漏油之前使笔中的油量刚好消耗完，然后扔掉旧笔芯换成新笔芯。这一招果然见效，不但解决了圆珠笔漏油对人们的困扰，还增加了人们重新购买的频率，让其赚得盆满钵满。

在竞争日趋激烈的当今社会，我们每天都会面临大量新事物、新问题，传统思维模式往往无法迅速有效地解决这些问题。逆向思维就是突破常规思维的模式，以目标为导向采用反向思考的方法寻找解决问题的突破口，从而找到更直接、更有效的解决方案，是一种更为全面、更为高效的思维方式。它不但能提升效率，找到解决问题的更优方案，而且能让人最大限度地发挥自身潜能，突破人生困局。逆向思维的好处具体表现在：

第一，逆向思维更为开放，会获得较多的解决方案。由于逆向思维是以目标为导向进行逆向推理，是一种更为开放的思维方式，能激发思维的发散性，从而突破经验与传统的束缚，得出多种解决方案。

第二，逆向思维有利于选择更优解决方案。利用逆向思维模式会产生多种解决方案，所以也就能从诸多方案中选择更优的一种，从而快速、准确地达到预设目标。

第三，逆向思维更容易达到出奇制胜的效果，提升创新能力。由于逆向思维突破了传统的思维定式，使其更具发散性，往往能找到奇招妙招，更有利于创新。

第四，逆向思维经常会起到化繁为简的效果，让目标达成更为直接、快速。由于逆向思维的逻辑性更强、脉络更清晰，所以很容易将复杂的问题简化，从而找出一针见血的解决方案，提升效率。

当我们都沿着一个固定的思维方向思考问题并坚定执行时，过程大同小异，无法实现突破，难有变革及创新。而如果我们能够朝相反的方向探索，倒过来思考另辟蹊径，世界会大不同。

第二节
逆向思维的巨大破坏力

相传，清朝康熙年间，河南洛阳某镇上有个王姓屠户，以杀猪卖肉为生，虽说不是大富大贵，但也算有门手艺衣食无忧。王屠户收了两个徒弟，大徒弟叫张光，二徒弟叫李良，两个徒弟年龄相差无几，性格却截然不同。张光性格开朗，能言善辩，聪明伶俐；李良寡言少语，兢兢业业，吃苦耐劳。王屠户对两个年轻人倒是公平公正、不偏不向，非常认真地将自己的手艺传授给了两个徒弟。

日子就这样一天一天过去，两个徒弟认真学习，三年之后，两人都出徒了。张光、李良二人辞别了师父后，各开了间肉铺，生意也都不错。

王屠户有个女儿，貌美如花，是一个温柔贤惠的女子，正待字闺中。

有一天晚上吃完饭，女儿害羞地告诉父亲，张光和李良都私下问过自己，想要上门提亲，但是她觉得两人都挺优秀的，各有各的长处，一时不知该选谁好。

王屠户听了女儿的话感觉婚姻大事不能马虎，他想好好测试一下两位徒弟。

第二天，王屠户把两位徒弟都叫到了家中，他开门见山地说道："我就这么一个宝贝女儿，要想做我的女婿得有自己的本事。你俩都是我的徒弟，今天你们就比一下本事，每个人选一头活猪，杀掉后看谁的出肉率高，谁的本事就大，这不但是在考验你们的技术，也是在考你们的眼力。"

二人听后都不敢有丝毫懈怠，各自认真地挑了一头猪后，先交给师傅过秤，记下了重量后，两人将猪分别拉到屋里开始宰杀。

只不过半个时辰，两人几乎同时杀好了猪。

接下来就要称猪肉的重量了，大徒弟张光先来，称过之后，猪肉的重量只比活猪的重量少了五斤。王屠户叹了口气摇摇头。

接着该二徒弟李良了，师父在称猪肉之前，李良特意换上了自己提前准备好的秤砣。称完之后，竟然和大徒弟的差不多，猪肉重量只比活猪少了五斤多点，这让王屠户感觉有些诧异。

王屠户伸手拿出李良刚才换过的秤砣，猛地摔到地上，秤砣当即被摔成了两半——原来这个秤砣被人做过手脚。接着，王屠户又从张光宰杀的那头猪身上切了一块肉放在一沓白纸上，不一会，白纸变得非常湿了，王屠户说道："你这猪肉注的水还真不少！"

王屠户亲自从猪圈里赶出一头与之前两个徒弟选的差不多大小的猪，在称过重量后，亲手把猪杀了，一过秤，猪肉比刚才的活猪少了将近二十斤。

王屠户向两个徒弟说道："你们一个往猪身上注水，一个通过换秤砣欺骗乡亲，你们以为自己的招数很高明，再这样下去，你们的生意都不会长久的，你们俩暂时谁都不配做我的女婿。”

两人听了师父的话面面相觑，灰溜溜地走出了师父家的大门。

故事中的张光和李良二人都是用了逆向思维的思考模式来达成目标。为了提高出肉率在比赛中取胜，从而能娶到师父的女儿，一个采用注水来提高出肉率，一个采用在秤砣上做手脚来提高出肉率。显然他们为了达成目标采用了不同的解决方案，但这些解决方案都是有悖于社会良知的，所以最终聪明反被聪明误。

同样在我们日常生活中也存在这样采用逆向思维“聪明反被聪明误”的例子。两个学生为了达成期末取得好成绩的目标，一个制订了详细的学习计划并认真执行；另一个平时贪玩，考试前精心准备了小抄带进考场，因作弊被监考老师发现取消考试成绩。诚然二人的目标是一致的，即为了取得期末考试的好成绩，他们都运用逆向思维的思考方式选择了各自的解决方案，但最终导致了云泥之别的结果。同样是逆向思维，结果却截然不同。

由此看来，逆向思维有其积极的一面，也有其消极的一面。逆向思维到底弊在何处呢？

第一，逆向思维由于方案多容易造成甄选困难。由于可供选择的方案太多，且每种方案利弊不一，所以就会造成选择困难。

第二，为达目的不择手段，逆向思维容易让人误入歧途。为了好的考试成绩而作弊，为了提高生活水平铤而走险走向不归路，这些都是逆向思维弊端的具体体现。

第三，逆向思维有其局限性，并不是万能公式。采用逆向思维大多需要有具体的目标和结果，而在我们日常生活中很多问题是无法提前设定目标和结果的，所以也就无法采用逆向思维的思考方式。

由此看来，逆向思维有发散、创新、快捷的属性，也有其投机的属性，居安思危是逆向思维的表现，见利忘义也是逆向思维的表现，只有合理规避逆向思维的投机陷阱才能真正发挥逆向思维的正向作用。

第十章

隐匿的惰性——直觉思维

直觉可靠吗？直觉真的是一种无意识行为吗？直觉让我们错过了什么？

天生的能力必须借助于系统的知识。直觉能做的事很多，但做不了一切。只有天才和科学结了婚才能得到最好的结果。

——斯宾塞

第一节 直觉的产生

我们都知道人类的感官共有五个器官组

成，即眼、耳、鼻、舌、肌肤。五个感官形成五觉，即视觉、听觉、嗅觉、味觉、触觉。除了这五觉，我们日常生活经常会提到第六感觉。第六感觉是什么呢？

所谓的第六感觉，即是人类除了听觉、视觉、嗅觉、触觉、味觉外的感觉，有的人也称之为心觉。第六感觉与我们通常所说的直觉又有什么关系呢？

关于第六感觉和直觉大家理解都不一样，争论也似乎没停止过。有的人认为第六感觉就是直觉；有的人则认为第六感觉和直觉根本不是一回事，直觉根源于第六感觉。各有各的道理，也各有各的不足。关于第六感觉和直觉的关系在这里不作结论。我们侧重于直觉这一概念进行阐述。

直觉是什么？有的人认为直觉是自主、无意识完成的认知过程，而与之相对的是有意识的分析思考。也有人认为直觉是通过自己的经验、知识、记忆等，由潜意识快速运算，从而得到结果。

其实两种说法并不矛盾，无意识完成和潜意识速算都是指人没有进行详细的分析、推理而做出的判断。所以直觉是一种潜意识的速算行为，受知识、经验等因素的影响。

从前有个乡下人丢了一把斧子，找了许久都找不到。于是他怀疑是被邻居家的儿子偷去了，便处处注意邻居儿子的一言一行。

他看到那人走路的样子，像是盗斧的贼；看那人的面部表情，像是盗斧的贼；再听那人的言谈说话，更像是盗斧的贼。他越看就越觉得那人无论干什么，都像盗斧的贼。

后来，这个人上山砍柴，斧子找到了。他才想起原来前几天上山砍柴时，一时疏忽就把斧子失落在山谷里了。

找到斧子的第二天，他又碰见邻居家的儿子。再留心看看，就觉得那人走路的样子、面部的表情、说话的声音等，一举一动，完全不像是偷斧子的贼了。

这就是疑邻偷斧的故事，是一个非常典型的靠直觉思维而做出判断的例子。主人公丢了斧子，在没有任何证据和逻辑分析的前提下得出邻居的儿子就是偷斧子的元凶这一结论。我们再进一步思考一下，他为什么会觉得偷斧贼是这个邻居的儿子而不是别人？难道仅仅是随机？显然不太可能。

我们的大脑具备自动匹配和自动关联功能，这是长时间形成的一种应激反应。例如我们见到梅子马上就会觉得酸，看到乌云马上想到下雨，提到贪官首先想到的是和珅……所有这些都不是凭空捏造的，而是建立在已有认知的基础之上。也就是说我们做出的判断是大脑根据知识、经验、记忆等自动匹配和关联得出的，虽然这些判断没有经过刻意的逻辑推理。

由此看来，疑邻偷斧故事中丢斧人做出邻居儿子偷了自己斧子的判断并非凭空想象，而是基于其某种行为做出的快速判断，有可能是他以前偷过什么东西，也有可能是他的某个行为有偷盗嫌疑。没有无缘无故的爱，也不存在无缘无故的怀疑。

直觉是超出了平常五觉范围的一种潜意识行为，是不经过刻意的逻辑思考和推理而得出的结论，是大脑根据知识、经验、记忆快速自动匹配、自动关联并快速运算而得出的结果，具有随意性、盲目性等特点。从直觉的产生过程和基本特点，可知直觉不是理性的，可能与现实存在一定的差距。直觉的准确率取决于人们的知识积累和经验储备，知识和经验储备越多，直觉的准确率也就会越高，反之则会越低。

直觉始于经验、知识、记忆而源于生活。我们生活中处处会有直觉，时时都可能受到直觉的影响，也经常会用直觉判断事情，由于直觉是大脑的无形运作，所以我们应该慎重看待直觉的准确性。当我们面临危急情况没有时间进行缜密的逻辑推理时，我们只能相信直觉。大脑就会自动匹配和关联类似的场景，从而做出直觉判断。而如果并非万分紧急的情况，我们应该用更为理性的逻辑推理进行剖析，从而做出尽可能准确的决策。

第二节
直觉可能就是错觉

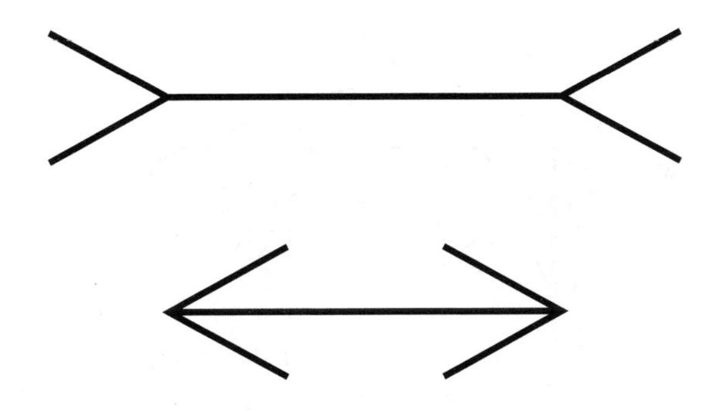

这是一幅非常普通的线段图，似乎没有什么特别之处：两条不同的水平线，两端有朝向不同的箭头。哪条线段更长一些呢？

乍一看，大部分人会认为上面一条线明显比下面那条线长。这是我们看到的所有内容，而且我们肯定相信自己的眼睛。

如果你用尺子仔细测量一下这幅图中上下两段水平线段，你会惊奇地发现其实这两条线段是一样长的。这幅图就是著名的米勒-莱尔错觉图，你可以亲自测量一下，这两段水平线段是等长的。

下图中的四边形是正方形吗？大多数人都会说不是，因为直觉告诉我们四边形的四条边不是直的，所以不是正方形。而实际情况是，四边形是这个一个彻头彻尾的正方形。

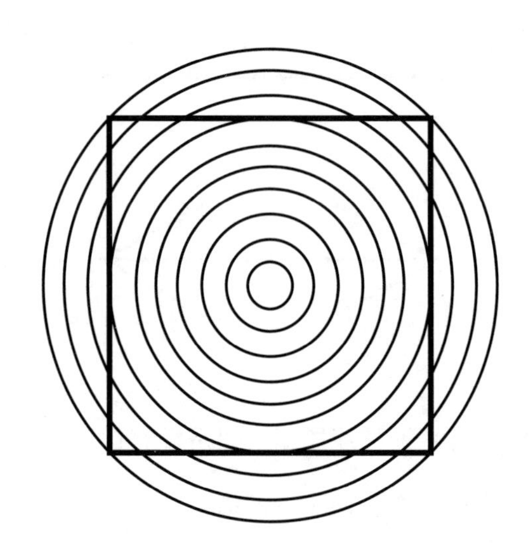

以上两个小例子告诉我们，看似合理、确信无疑的直觉往往是不准确的。

孔子往东方游学时，看到两个小孩在争论，孔子问他们争论的原因。

一个小孩说：“我认为太阳刚出来时距离人近，而正午时距离人远。”

另一个小孩认为太阳刚出来时离人远，而正午时离人近。

一个小孩说：“太阳刚出来时像个大圆车篷，等到正午时就像个盘子或盂，这不是远处的小而近处的大吗？”

另一个小孩说：“太阳刚出来清凉寒冷，等到了正午，热得让人觉得像把手伸向热水里。这不正是近就觉得热，距离远就觉得凉吗？”

孔子不能够断定谁是谁非。

两个小孩笑着说：“谁说你知道的事情多呢？”

现在我们都清楚，太阳在早晨或中午离我们的远近、自身的大小及温度都是一样的。两小儿以“远者小而近者大”和“近者热而远者凉”的直觉来推断太阳离我们的远近都是错误的。“日初出大如车盖，及日中则如盘盂”，这是人眼接触物体所产生的视觉错误的缘故。当太阳初升时，地平线视角较小，背衬是树木、房屋及远山，加之背景是黑沉沉的天空（同一物体白色的比黑色的显得大些，这种物理现象叫作“光渗作用”），太阳就显得大；中午时，背景是万里晴空，背景颜色亮，所以太阳看起来就小。“日初出沧沧凉凉，及其日中如探汤”主要原因是早晨太阳斜射大地，中午太阳直射大地。在相同的时间、相等的面积里，直射比斜射热量高。而且在夜里，太阳照射到地面上的热度消散了，所以早上感到凉快；中午，太阳的热度照射到地面上，所以感到热。

由此看来两个小孩仅仅靠直觉来判定太阳离我们的远近都是错误的。直觉很多情况下其实都是错觉，靠直觉来对事物做出判断有其局限性，往往是不准确的。

我们经常会说女人的直觉是非常准的，现实生活中女人所谓的直觉往往准确率会高一些，为什么会出现这样的情况？女人大都比男人心细一些，她们往往会更注重细节，所谓的直觉只是假象而已，她们都是通过对细节的分析而形成的推论，有一个主动的逻辑分析和推理过程，而不是传统意义上的直觉。所以女人的直觉比较准确根本就是一个骗局。

我们在人际交往中往往会对第一次遇到的人产生第一印象。很多人会根据第一印象来对一个人做出判断，所以第一印象的好坏在人际交往中是一个非常重要的因素。那第一印象是如何产生的呢？

心理学上有个首因效应，也叫第一印象效应，是由美国心理学家洛钦斯首先提出的，指交往双方形成的第一次印象对今后交往关系的影响，也即是“先入为主”带来的效果。虽然这些第一印象并非总是正确的，但却是最鲜明、最牢固的，并且影响着以后双方交往的进程。

第一印象的产生主要有两类。第一类是有过短暂的接触，通过对方的形象和言谈举止做出简单逻辑推理，可能是一个动作或一句话、一个眼神，通过这些细节建立逻辑关系做出判断。第二类是仅仅看了对方一眼，就能迅速扫描对方并进行某些定位。

无论哪类的第一印象，实际都是在大脑中迅速将对方的某项特征进行匹配，从以往的交际经验中找出与之相适应的一个模型，并将两者建立强关联，从而形成对对方的判定。所以第一印象是直觉的另一种表现形式，具有极大的随意性，其准确程度是无法把控的。

第三节
突破直觉的束缚

苏联社会心理学家包达列夫，做过这样的实验，将一个眼睛深凹、下巴外翘的人物照片分别给两组被试者看，并向两组被试者分别告之以下信息：告诉甲组时说“此人是个罪犯”；告诉乙组时说“此人是位著名学者”。然后，请两组被试者分别对此人的照片特征进行评价。

评价的结果，甲组被试者认为：此人眼睛深凹表明他凶狠、狡猾，下巴外翘反映其顽固不化的性格。乙组被试者认为：此人眼睛深凹，表明他具有深邃的思想，下巴外翘反映他具有探索真理的顽强精神。

为什么两组被试者对同一照片的面部特征所做出的评价竟有如此大的差异？原因很简单，人们对社会各类的人有着一定的定型认知。把其当罪犯来看时，自然就把其眼睛、下巴的特征归类为凶狠、狡猾和顽固不化；而把其当学者来看时，便把同一特征归为思想的深邃性和意志的坚韧性。所以直觉的产生会受到信息的误导，很多不法分子也就是利用直觉的这一特点进行不法行为。

直觉不是凭空杜撰，直觉是人脑根据经验或获取到的片面信息经过简单加工而形成的一种思维模式。直觉的产生主要有三个步骤，第一是信息输入，第二是信息匹配，第三是形成直觉。

譬如我们在路边看到一个人扶起了一位摔倒的老者。凭直觉，我们认为这个人是善良的。这样的直觉是如何产生的？首先这个人帮扶老者的信息输入到我们的大脑中；其次大脑迅速关联，凭经验我们认为能帮助别人的行为是正向的；最后做出判断，这个人是善良的。但我们并不知道这个人帮助老者的行为动机是什么，他们是什么关系，所以直觉的判断有时会有局限性。

现代很多人经常会说这样一句话："跟着感觉走。"他们认为这是一种潇洒，实则这是一种任性，更是一种盲目、一种无所适从。人们在面临选择困难的时候会跟随自己的感觉。这句话表面上看来是没有错误的，闻到臭味用手捂住鼻子，看到强光闭上眼睛，碰到钉子迅速避开，尝到黄连立刻吐掉，这都是跟着感觉走，是人类趋利避害的正常反应。但我们忽视了除了常见的五觉之外还有另外一个第六感觉，如果跟着第六感觉走就往往会误入歧途。吸毒、网瘾、酗酒是我们平常称之为恶习的行为，从个人心理满足度来说，这些跟着感觉走的行为无疑满足了个人的心理欲望，但是从个人长远发展和社会角度来看，这些行为无疑都是恶劣和消极的，这都是跟着感觉走造成的恶果。

直觉的形成过程和心理学特点，注定了直觉存在其局限性和片面性。直觉有积极的一面，也有其消极的一面，一味追随直觉必定会误入歧途，乃至走向罪恶的深渊。那如何摆脱直觉的束缚呢？

第一，重视每一次决策。我们每个人的人生都会面临很多重要选择，这些选择会影响整个人生的发展方向。高考时我们是选择医科还是选择师范？不同的选择就意味着将来不同的职业发展方向，医生和老师是两种完全不同的职业，虽然有鲁迅弃医从文的成功事例，但对大多数人来说要想实现职业方向的转型，难度还是十分大的。同样，在人们日常生活的每一天里都面临着无数的选择，早餐吃油条还是面包？出门穿衬衣还是穿T恤？上班搭公交还是乘地铁？晚饭后是出去锻炼还是追剧？……看似这样的选择对我们不会产生太过深远的影响，但当我们的选择不断累加，人生差距就会凸显。同样是一个50岁的人，经常选择体育锻炼的和传统的手机族，其生活状态是完全不一样的。业余时间选择读书学习的学生和选择玩游戏的学生，其未来人生也会迥然不同。我们的整个人生就是一个不断做出选择的过程，人生的高度就是不同选择的累加结果，所以我们要认真对待人生的每一次选择。吃饭选择油炸食品、垃圾食品，喜欢大快朵颐的人会越来越肥，健康问题慢慢呈现；合理搭配饮食结构的人则是红光满面身体健硕，这是很容易理解的事情。不积跬步，无以至千里；不积小流，无以成江海。我们的每一次选择不要大开大合，更不要受直觉支配，人生才能走得更高更远。

第二，始终保持积极的心态。我们平时的心理状态会影响我们的选择，积极的心态让人看到的正面信息更多，可以激发超常思维，挖掘人体潜能，培养创造性，从而实现更高的人生目标；消极的心态则是负能量满满，使人保守、自满、怀疑、恐惧、抱怨，人生会跌入谷底。斯蒂芬·威廉·霍金是现代著名的物理学家、20世纪享有国际盛誉的伟人，霍金21岁时患上肌萎缩侧索硬化症，全身瘫痪，他的人生有五十多年是在轮椅上度过的，不能说话，也不能行动，身体已经完全扭曲，唯一能活动的便是三根手指，只能借助机器来说话、行动。但霍金却有这样一段文字：

我的手指还能动，我的大脑还能思维，我有终身追求的理想，我有爱我和我爱的亲人和朋友，对了，我还有一颗感恩的心……积极的心态让霍金在绝大多数人都无法承受的逆境中实现了人生的价值，为社会做出了卓越的贡献。所以无论顺境还是逆境，始终保持积极的心态才能不盲目跟着感觉走，有利于做出最优选择，实现人生价值最大化。

第三，突破视野的局限，提升认知水平。井底的青蛙认为天只有井口那么大，看不到外面的天空有多么旷远，外面的世界有多么精彩；用一片树叶挡住眼睛就会连巍巍泰山也看不到。当视野局限于一隅时，我们就无法做出合理的选择。所以人生就是要不断学习，汲取新的知识，从而拓宽视野，这样才能摆脱直觉的束缚，实现人生逆袭。

第四，认真分析，拓宽选择范围。不要把选择限制在很小的框架里，突破直觉思维束缚，综合分析，从而做出相对理性的选择。清康熙年间，张英担任文华殿大学士兼礼部尚书，他老家桐城的官邸与当地吴家为邻，两家院落之间有条巷子，供双方出入使用。后来吴家要建新房，想占这条路，张家人不同意。双方争执不下，将官司打到当地县衙。县官考虑到两家人都是名门望族，不敢轻易了断。这时，张家人一气之下写了封加急信送给张英，要求他出面解决。张英看了信后，认为应该谦让邻里，他在给家里的回信中写了四句话："千里家书只为墙，让他三尺又何妨；万里长城今犹在，不见当年秦始皇。"家人阅罢，明白其中含义，主动让出三尺空地。吴家见状，深受感动，也主动让出三尺房基地，"六尺巷"由此得名。凭直觉来看，当时张家的选择只有两项：让吴家占路或不让吴家占路。然而张英突破直觉的束缚，综合分析做出了突破常规的选择，成为历史美谈。

ESSENCE OF THINKING

揭秘思维的困局与破局

第三部分

思维的破局

人生破局，始于变，而囿于固。

ESSENCE OF THINKING

揭秘思维的困局与破局

第十一章

不可错失的那些瞬间——灵感思维

灵感人人都有吗？灵感神秘吗？灵感能做什么？灵感思维如何形成？

灵感，是天才的女神。灵感稍纵即逝，灵感是创新的源泉，但任何灵感只是给人们的成功之路建立了一个关键的链接，距离真正的成功还相差甚远。

第一节 那些来自灵感的伟大发明

牛顿是著名的物理学家、数学家，他最

大的成就是发现了万有引力定律，正确地计算了天体运动规律，他的发现为人类探索大自然、探索宇宙提供了重要的理论基础，为人类社会发展做出了巨大的贡献。

牛顿非常善于思考，常常对一些很平常的现象进行深入的思考。有一天，他正坐在苹果树下休息，忽然一个熟苹果掉下来，砸到他的头上。他摸了摸脑袋，突然就想到一个问题：苹果从树上为什么要往下落而不是往其他方向呢？于是他捡起掉到地上的苹果往上抛了起来，苹果上升了一段距离又掉下来。牛顿第二次捡起苹果大力往上抛去，苹果虽然上升的高度比第一次高了一些，但仍然落回到地面。他突然有一种奇怪的想法，是不是有一种看不见的力量在起作用，把苹果拉向地面呢？过了很久，牛顿终于解答了这个问题，并由此推算出一个公式，这就是闻名世界的“万有引力定律”。

同样的故事也发生在阿基米德身上，阿基米德是古希腊伟大的哲学家、数学家、物理学家，并且享有“力学之父”的美称，发现浮力定律是阿基米德对人类最伟大的贡献之一。

有一次国王让匠人为自己制作了一个纯黄金的皇冠，皇冠打造得光彩夺目非常别致，而且重量和国王给的原材料黄金一样重，但国王还是有点怀疑匠人是否用别的材料代替了黄金，于是就让阿基米德做鉴定。

这次可把阿基米德给难住了，回到家里他专心研究，可是左思右想用了各种办法都无法判定黄金制作的皇冠里到底有没有掺杂别的材质。阿基米德为此茶不思饭不进，不刮胡子不洗澡，研究了好多天始终没有找到好的办法解决这个问题。

过了几天，国王派人催促他进宫汇报鉴定结果。他的妻子看他太脏了，就让他洗澡。他精神恍惚地走进浴盆准备洗澡，由于浴盆里装满了水，他双脚进入浴盆时，盆里的水溢出来一点，当他的身体全部进入浴盆后，水溢出了很多，而他的身体也感觉轻了很多。突然，他兴奋地喊道：我想出来了，我想出来了！衣服也没有穿就跑出了浴室。

阿基米德根据水溢出的原理发现了浮力定律，用浮力定律准确地测量出了皇冠的密度，也证实了国王的怀疑，匠人的确私吞了黄金。

浮力定律成为世界上最伟大的发现之一。

苹果砸到牛顿头上让牛顿产生了灵感，发现了万有引力定律；洗澡水外溢让阿基米德产生灵感发现了浮力定律。除了牛顿和阿基米德，世界上很多发明都是源于偶发的灵感。瓦特看见炉子上的铁壶烧开时水壶盖在上下跳动，产生灵感改良了蒸汽机，蒸汽机的使用催生了世界第一次工业革命，为人类社会工业化进程做出了卓越的贡献；莱特兄弟从鸟儿身上找到灵感发明了飞机，飞机的发明缩短了人们之间的物理距离，是世界交通史上里程碑式的事件。类似这些起源于灵感的发明可以说数不胜数，灵感为人类社会的发展和进步起了非常重要的作用。

我们承认灵感在发明创造过程中发挥着重要作用的同时，也需要进一步深入地思考灵感是如何产生和转化的，为什么苹果砸在别人的脑袋上就是一个包，砸在牛顿的头上就能让他发现万有引力？为什么千千万万的人洗澡时都能发现水从浴盆里溢出，却只有阿基米德发现了浮力定律？灵感的作用机制是什么？

很显然，千千万万的人都被苹果或其他东西砸到脑袋但只出现了一个牛顿，千千万万的人都知道水有溢出现象但只出现了一个阿基米德。灵感是促成因素，但不是决定因素，并不是说有了灵感就一定能获得发明成果，创新和发明是一个非常复杂的系统。灵感要真正实现产出需要具备两个基本素质：专业知识和求索精神。

有了灵感还需要丰富的专业知识作为支撑。如果牛顿、阿基米德、瓦特和莱特兄弟等人没有在力学、数学、动力学等方面强大的专业积累，即便有再多灵感也毫无意义。知识是实现创新和发明的基础，没有知识积累其他的都是空谈。

吃苦耐劳和无限探索的精神也是实现灵感转化的必要条件。1832年10月，41岁的莫尔斯从欧洲乘“萨丽号”邮轮回纽约途中，恰巧跟一位名叫杰克逊的物理学家同住一个房间，漫长的航程中，杰克逊做了许多电学实验。有一次，当一块电磁铁接通电流时，铁片就被吸住，当电流终止，电磁铁失去磁性，铁片就掉了下来。好奇的莫尔斯被实验吸引住了，他陷入沉思，萌发了发明电报的构思。几天后，他在日记本上写下初步设想：发报的一方和收报的一方用导线连接起来，形成一条电路，发报方通过电路的通断传递信息，让收方记录下来，再经过翻译，不就可以实现远距离通信了吗？然而，由于莫尔斯物理知识贫乏，回美国后，他只得向纽约大学物理学教授盖尔请教，盖尔教授悉心教他组装电池和制造电磁铁的方法，加之莫尔斯的刻苦学习，1835年底，他终于用旧材料制成第一台电报机。

任何灵感只是给人们的成功之路建立了一个关键的链接，距离真正的成功还相差十万八千里。有了这个链接还需要投入大量的精力进行学习、研究，所以灵感只是一个点燃成功之路的火花，后面还需要更多的付出和努力。

第二节
灵感稍纵即逝，抓住那一刹那

你是不是经常会有这样的经历：看电视的时候经常会突然有个想法，想着过会儿记下来，等电视结束后回过神来发现大部分想法都烟消云散；公交车上看到一件事突然产生了很多思考，等下车的时候那些思考却不见踪影；自己努力在大脑中构思好的一个主题，一会儿却提笔忘字。我们都会经常出现某一瞬间想出了一个当时让自己都崇拜的点子，但是转身就忘得一干二净，这样的事在我们日常生活中时有发生，相信每个人都有切身之感。

在《现代汉语词典》中灵感解释为在文学、艺术、科学、技术等活动中，由于艰苦学习，长期实践，不断积累形成经验和知识而突然产生的富有创造性的思路。

灵感的心理学解释为人在创造性思维过程中，某种新形象、新概念和新思维突然产生的心理状态。

我们不难看出，在两种解释里都有“突然产生”这一说法，这就充分表明了灵感的产生不受时间、空间等因素的影响，随时随地都可能出现。灵感不但具有产生的突发性，同样还具有消失的快速性，灵感来得快消失得也快。

每个人都生活在两个世界里，即现实世界和虚拟世界。现实世界是客观存在的，虚拟世界是每个人的认知世界。我们的认知世界是根据自己的知识、经验和认知建立的虚拟空间，是接近现实世界却又区别于现实世界的无形王国。当人们认为地球是宇宙的中心、太阳围绕地球转的时候，却发现事实并非如此，地球是围绕太阳公转的。当人们认为宇宙没有边际的时候，后来或许会发现宇宙原来是个循环系统。所以我们的认知世界是动态的，是不断发展的。在我们的虚拟世界里会存在很多带有个人色彩的想法、观念，人与人的区别除了物理特征还有心理特征、行为特征等，这些都是受每个人认知世界的影响。

思想就是通过现实世界输入信息，然后经过认知世界的加工、分析产生新的想法和思路。当外界输入不断地强化、多次重复，就会形成根深蒂固的观点，而当外界的输入一晃而过的时候，就会形成灵感，灵感也随着外界输入的瞬间消失在短时间内消失。

灵感除了具有突发性、瞬时性和易逝性之外，还具有关联性、超越性、无法复原性等特点。通过外界事物的刺激让人产生灵感，灵感涉及的主题必然跟自己生活和工作内容相关联，譬如阿基米德通过浴盆中的水溢出产生灵感，从而关联到测试皇冠的黄金纯度。另外，新产生的灵感必定是超过以前对事物本身的认知的，具有超越性的特点，也正是具备这样的特点，才能产生创新实现突破。

既然灵感一闪而过，我们如何抓住它呢？灵感一旦出现，想要留住灵感引发的新思路，我们要快速记录，否则就很难抓住它。但记录要在不打破灵感延续性的前提下，如果打破了其延续性，灵感将失去本该有的效力，无法深度挖掘和思考。

或许有人会好奇，如果当时没有记录下灵感，还能找回吗？这是一个非常值得深入思考的问题。我们很多人都有这样的经历，当灵感出现的时候会觉得思路特别清晰，但后来再去回忆，当时清晰的思路就会变得模糊。

由此看来，灵感不能完全找回，但可以通过将当时的信息重新输入，部分找回灵感内容，想要完全复制当时的思维过程显然是不可能的事情。所以灵感出现时，即便当时无法记录，也要在尽可能短的时间内进行复盘、整理和记录，这样才能最大限度地追溯灵感的本源。

第三节
灵感思维的FACT模型

我们知道了灵感具有突发性、瞬时性、易逝性、关联性、超越性、无法复原性等特点，接下来我们需要关心的是如何将灵感产生的想法、思路、观点进行切换，转化成我们生活和工作中需要的内容，为实现目标助力，从而高效率、创造性地完成任务。

要让灵感真正地服务自己，创造灵感的价值，从灵感的实现过程来看，大体分为四个步骤。首先需要一个外部刺激，即外部的一个事件发生。其次，这个事件引起我们的关注并进行深入思考。再次，我们将事件与自己的专业相关联并实现创新。最后，实现灵感的转化。用一个英语单词概括为FACT，即F（FACT:

事件），A（ATTENTION：关注），C（CONNECTION：关联），T（TRANSFORMATION：转化）。

F（FACT：事件）就是外部发生的一件事情、一种现象或一个刺激。在上文所列的一些案例中，无论是牛顿被苹果砸中脑袋，还是阿基米德洗澡时浴盆里的水溢出，抑或是瓦特发现烧开水时壶盖的跳动，这些都是具体的事件或现象。苹果从树上掉下来是事件或现象，水从浴盆中溢出是事件或现象，壶盖在开水壶上跳动也是事件或现象。我们周边随时随地都在发生着各种各样的事件，我们要多观察，仔细留意周围生活中的点点滴滴，并进行深入的思考，这样才能激发灵感。

A（ATTENTION：关注）是指引起注意。我们周围随时随地都在发生无数的事件，苹果从树上落下已经发生了无数年、无数次，这是一个正常的自然现象。我们大家都知道、习以为常的东西就很少有人关注，更很少有人进行深入的思考。就是这样一个我们周边每时每刻都在发生的一个小事件成功地引起了牛顿的关注，并进行了深入的思考。仅仅是一个小事件的发生不足以引起灵感的迸发，这些事件必须成功吸引我们的注意力，并引发极大的兴趣，才能激发我们进一步深度思考的意愿。

C（CONNECTION：**关联**）是指建立链接。苹果从树上落下来成功吸引了牛顿关注，他深入思考，迅速与自己所研究的力学建立链接：是不是有一种看不见的力量在起作用，把苹果拉向地面呢？无序地思考是无法实现灵感的深入挖掘的，只有将事件的发生与自己所熟悉或感兴趣的领域建立起一种联系，才能有助于灵感真正地转化为对自己有用的新思路、新观点、新想法。

T（TRANSFORMATION：**转化**）是指实现成果转化。牛顿将苹果从树上掉下来这种自然现象与自己的力学研究建立链接之后，经过复杂研究和论证，最终发现了万有引力，从而实现了灵感的成果转化。

由此看来，灵感的产生是由某一特定事件的发生而引发我们的关注，关注之后迅速建立与自己相关的链接并进行深入的思考和研究才能实现成果的成功转化。事件是引子，关注是发酵，关联是跨越，转化是结果。这是一个灵感实现转化的基本过程，我们只有了解这个过程并依此实施，才能真正实现灵感的落地，否则灵感只不过是转瞬一念而已。

第十二章

一直被曲解的反刍思维

反刍是如何形成的？反刍的本质是什么？人需要反刍吗？反刍思维有什么用？

反刍是重新咀嚼，是去糟存精。

第一节 神奇的反刍

衣食住行是我们生活中必不可少的四个重要环节，衣为保暖，食为果腹，住为休养，行为探索。“衣”所说的就是衣服，寒冷的季节为我们人体保存热量，更好地适应外部环境变化；“食”就是食物，为人体提供起码的养分，保证人体生长最基本的物质需求；“住”就是休息，劳逸结合保证人体正常的机体功能；“行”就是行动，有探索的意思，人类就是处于不停的探索及行动当中。

衣食住行是人体最基本的四项需求，而食又是其中的重中之重。虽然吃饭是我们每天都在进行的一项重复行为，但你知道一粒米饭是如何在人体中旅行的吗？首先米饭通过口腔的咀嚼以及咽喉的吞咽功能通过食管进入胃部，又经过胃的消化和初步吸收进入肠部，再经过肠子的进一步消化吸收将残渣通过肛门排出体外。这是我们都熟知的一种食物在人体内吸收和排出的简单流程。

然而有一类动物的流程却不是这样的，它们有一个中转储存食物的地方，食物进入体内先暂存在这里，然后再重新回到口腔中进行咀嚼，之后才进入胃和肠，最后经肛门排出体外。这类动物叫反刍动物，这种现象叫反刍。

反刍是指某些动物进食后经过一段时间将半消化的食物从胃里返回嘴里再次咀嚼。反刍主要出现在哺乳纲偶蹄目的部分草食性动物身上，如牛、羊、羚羊等，这些动物被统称为反刍动物，灵长目的长鼻猴也会进行反刍。

反刍是怎么形成的呢？主要是大自然优胜劣汰的结果。反刍类动物多为牛羊等食草动物，他们没有强牙利爪，也不凶猛，在自然界天敌很多，稍不留神就会被虎狼等食肉性动物袭击。这就导致了它们在任何时候都要处处小心，进食时也是囫囵吞枣、草草了事。由于进食的时候随时面临威胁，无法进行仔细咀嚼，食物进入体内无法吸收，所以在环境安全的情况下食物返回到嘴里重新咀嚼，这样才有利于胃肠的消化吸收。当然这是自然进化的过程。

反刍的本质是食物重新咀嚼以便更有利于消化吸收，所以是一个存其精华去其糟粕的过程。

第二节
被误解的反刍思维

世界上最早提出反刍思维的是美国耶鲁大学心理学和精神病学资深教授苏珊·诺伦-霍克西玛。她和她的耶鲁同事们对反刍思维进行了大量的研究，把反刍思维定义为一种非适应性的应对方式，它是一种被动、重复地思考负面情绪，专注于抑郁症状及其意义的无意识过程。

从霍克西玛教授对反刍思维的定义来看，反刍是将注意力放在消极情绪上。这显然是违背反刍的本质的，反刍的本质是将食物重新咀嚼，以达到更好地消化和吸收，是一种积极的作用，而不是消极的。所以反刍思维也应该是个体对所经历事件的原因、过程、结果和对事件的感受进行重新分析总结，从事件中汲取积极的因素以提升个体的应对能力，摒弃消极的情绪和负面的因素，以达到惩前毖后的效果。反刍思维应该是一种积极的、正面的思维方式。

俗话说失败是成功之母，如果失败了仍然笼罩在失败的消极情绪中不能自拔，那就永远不会成功。失败并不可怕，我们要在失败中反刍，通过总结经验，理清得与失，从而获取对未来有帮助的信息，去除导致失败的负面因素，做到汲取精华去其糟粕，为未来的成功奠定基础，这才是反刍思维的精髓所在。

中国共产党自诞生以来，之所以能不断从一个胜利走向另一个胜利，其中非常重要的一个原因就是善于总结经验。毛主席在

1965年与程思远谈话时曾经说道："我是靠总结经验吃饭的。"事实也充分地说明了总结经验的重要性，我国的社会主义建设事业是世界历史中绝无仅有的。从新中国成立时的一穷二白，到GDP总量跃居世界第二名，我们的每一项改革、每一种政策，无一不是在不断总结归纳中摸索前进，我们走出了一条符合国情的中国特色社会主义道路。

然而现实中很多人却忽略了反刍的重要性，事情过去了就过去了，不去进行重新咀嚼、重新消化、重新吸收，当一天和尚撞一天钟，每天重复犯着同样的错误，这样的思维方式怎么可能获得成功呢？

俗话说在哪里跌倒在哪里爬起，这句话不是告诉我们摔倒后一定要回到原地爬起，而是让我们总结摔倒的教训，找到方法避免下一次犯同样的错误，这就是反刍思维的典型应用。

第三节
TRSP反刍思维法

在我们漫漫的人生道路中，不会是一片坦途，总是充满着机遇与挑战、顺境与逆境、成功与失败。我们应该直面人生中的成功和失败，胜不骄败不馁。遇到挫折，积极寻求克服和战胜挫折的办法，奋起与人生的逆境做斗争，做生活的强者。而面对成功也不能沾沾自喜，要不断地进行反思、总结，从而将自己的人生推向一个新高度。

既然成功与失败都是我们生命中的常客，那我们就应该深入分析一下成功和失败的逻辑关系是什么。失败是成功之母是我们最常听到的一句话，更多是为了让人们失败了不要气馁、不要放弃，激励意味更多一些，存在明显的逻辑缺陷。并不是所有的成功都是建立在失败的基础之上，也不是失败的不断累加就能带来成功。

那失败与成功的逻辑是什么？简而言之，失败是错误的认知、行为或目标导致的心理体验。而成功则反之。所谓失败有两层含义，一是目标错误，二是人们在实现目标的过程中由于认知、行为、环境等因素造成结果背离目标，这两种结果引起的心理体验就是失败。所以成功与失败更多的是心理方面的认知，本身就没有绝对的界限，更不是孤立存在的。任何看似成功或失败的事情，内部都包含着成功和失败的因素，因此不能随便否定失败，也不能全盘肯定成功。

我们都知道，不管是成功还是失败，我们都要总结经验、教训，冷静思考，分析其成败原因，找到失败的症结和成功的经验，这样才能做到“吃一堑、长一智”，从而提升自己的综合能力。

反刍思维就是在事情发生过后进行重新咀嚼、消化、吸收，从而为人们在以后做事过程中提供借鉴和指导。反刍思维具体包含四个因素：事件（Thing）、复盘（Review）、总结（Summary）、应用（Practicing）。我们称之为TRSP反刍思维法。

事件（T）： 发生过的某一件事，这是反刍的对象，就像牛羊需要将草吃到肚子里才能进行反刍，所以草就是牛羊等动物反刍的对象。而对于人的思维方式来说，反刍也要有对象，那就是自己经历过的某一件事。这样的事件不局限于是成功的还是失败的，只要这件事是自己切身经历过的，而且你又认为是值得进行反思的。

复盘（R）： 经历过的事件要在大脑中进行回放，将事情的经过、关键节点、主要细节进行重新复盘。

总结（S）： 通过回忆和复盘对事情进行归纳、总结，从而得出自己在处理该事件过程中的所得、所失。复盘是为了更好地总结，总结是为了获得有价值的信息以便指导以后的行为。复盘总结的内容主要有两方面：一方面是自己在这个事件中做得好的地方是哪些，有没有做得更好的可能，以后再遇到类似的问题可以借鉴；另一方面是在该事件中做得不尽如人意的地方，找出这些问题还需要进一步思考怎么做效果会更好。只有从这两方面进行分析总结，才能借鉴成功的经验，同时避免以后犯类似的错误。在总结中，成功的地方我们称之为经验，失败的地方我们称之为教训。经验教训既可以给自己留下财富，同时又可以为他人留下前车之鉴。自古以来，很多伟大的发明创造者都是从自己或他人的经验教训之中，找到通往成功的路径。从这个意义上讲，经验教训是一笔可贵的财富。所以，如果遇到比较重要的事件时，最好能将个人总结记录下来并公之于众，给自己留下详细资料的同时也能给别人以借鉴。

应用（P）：前三步的工作只是一个过程，其真正目的是指导以后的实践和应用。在我们日常的生活和工作过程中，经常会写各种各样的总结报告，月度总结、季度总结、年度总结等，然而大多数人仅仅是为了总结而总结，总结写完了也就到此为止了。

这样的做法是比较让人惋惜的，因为我们做的所有这些总结工作，只是一个过程和形式，其最终目的应该是指导和应用。而让人深感痛惜的是，很多人已经做了诸多工作却忽略了最重要的一步，那就是实践。总结是为了以后更好地实践，而不是停留于形式主义的文稿。总结写得再好，而没有用于日后的实践，那也没有任何实际的意义。

反刍思维是一种去糟存精的思维方式，其本质是通过对事件的回顾和复盘找出做得好的地方和做得不好的地方，并进行深度分析，从而提升人们更好地解决问题的能力，是一种积极向上的思维方式。由于反刍的过程受到个人认知、意识形态等因素的影响，每个人的反刍思维的应用价值是不一样的。但总的来说，能经常进行反刍的人得到提升会更快，而不进行反刍的人则会墨守成规、止步不前，甚至会在同一个地方摔倒多次。

第十三章

系统思考的蛛网思维

你相信蛛网比钢还坚固吗？你知道蛛网的结构有多么巧夺天工吗？

蛛网思维就是以目标为核心，将各种要素相互链接、相互交融的一种螺旋式的系统思维结构。

第一节 建立核心系统，不忘初衷

曾有人做过一个实验，组织了三组人，

让他们分别步行到十公里以外的三个村子。

第一组的人不知道村庄的名字，也不知道路程有多远，只告诉他们跟着向导走就是。刚走了两三公里就有人叫苦，走了一半时有人几乎愤怒了，他们抱怨为什么要走这么远，何时才能走到？有人甚至坐在路边不愿走了，越往后走他们的情绪越低落。

第二组的人知道村庄的名字和路段，但路边没有里程碑，他们只能凭经验估计行程时间和距离。走到一半的时候大多数人就想知道他们已经走了多远，比较有经验的人说："大概走了一半的路程。"于是大家又簇拥着向前走，当走到全程的四分之三时，大家情绪低落，觉得疲惫不堪，而路程似乎还很长，当有人说："快到了！"大家又振作起来加快了步伐。

第三组的人不仅知道村子的名字、路程，而且公路上每一公里都有一块里程碑，人们边走边看里程碑，每缩短一公里大家便有一小阵的快乐。行程中他们用歌声和笑声来消除疲劳，情绪一直很高涨，所以很快就到达了目的地。

当人们的行动有明确的目标，并且从自己的行动中不断获得反馈，清楚地知道自己现在与目标相距的距离时，行动的动机就会得到维持和加强，人就会自觉地克服一切困难，努力达到目标。

恩格斯在《反杜林论》中指出："思维既把相互联系的要素联合为一个统一体，同样也把意识的对象分解为它们的要素。没有分析就没有综合。"恩格斯的这段话表明，当人们认识事物时，既要对事物及其发展过程的有关要素进行分析，又要对事物从整体和全过程上进行综合把握。没有分析，认识就不能深入，对整体的认识只能是空洞的；只有分析没有综合，认识可能囿于枝节之见而不能掌握事物的整体。有效的分析是将整体几个部分或几个事物联系起来进行分析。恩格斯的论述，在一定意义上指出了系统思维的核心要义。所谓系统思维，是指人们运用系统观点，把对象互相联系的各个方面及其结构和功能进行整体认识的一种思维方法。整体性原则是系统思维方式的核心。这一原则要求人们无论干什么事都要立足整体，从整体与部分、整体与环境的相互作用过程来认识和把握客观事物。

物质世界是普遍联系的，每个事物不但与它周围的事物互相联系、互相作用，而且事物内部的各个部分之间也是处于联系和互相作用之中。事物的普遍联系构成事物的永恒发展，使任何事物都是作为过程而存在。整个世界就是"过程的集合体"，也就是说，物质世界是由无数相互联系、相互依赖、相互制约、相互作用的因素所形成的统一整体。物质世界是由相互联系的若干要素，按一定方式所组成的具有特定功能，并同其周围环境互相作用的统一整体，也称之为系统。所有的因素离不开系统，系统始终围绕核心目标运转。

第二节
蛛网思维的特性

蛛网思维是以目标为核心的发散性思维结构，是一种既聚焦又广为发散的思维形式，其目标聚焦而形式又是发散的。

蜘蛛网是由从中心向外辐射的几条主线形成的发散性结构的框架，主线之间则由细丝编织多组网格，主线与细丝之间通过节点牢牢固定。网格线呈现螺旋状的立体结构而并不是一个平面图形。

蜘蛛网能根据受力大小而自由改变自身性质，所以韧性较大。当受力较小时通过延展蜘蛛丝来吸收冲击力；当局部受力过大时，蜘蛛丝就会变硬而断开，形成一个小孔，使蜘蛛网整体结构免遭毁坏。科学家们发现，从蜘蛛网上不同的地方抽走10%

的蜘蛛丝，不仅不会让蜘蛛网变得更弱，反而会让其强度增加10%。

据英国《每日邮报》报道，蜘蛛网比钢还坚固，而且其编织形式巧夺天工，真可谓是自然界的奇迹。美国科学家发表在《自然》杂志的文章显示，蛛丝本身的柔韧性和蛛网精巧的结构使其足以对抗飓风袭击并经久耐用。

蛛网如此多的特性为人类的思维模式提供了很好的借鉴，蛛网思维具备什么特点呢？

蛛网思维具有聚焦性，是一种以目标为核心的思维方式。一旦确定目标，所有的行为和节点都紧密围绕在目标周围，为实现目标服务。

蛛网思维具有发散性。建立核心目标后，就要围绕目标找出影响目标实现的所有潜在因素，并将这些因素进行进一步延伸、解析和规划，形成方案，继而转化为行为并监督执行。这个过程是发散的，每一条主线都是影响目标实现的一个因素，这样才能寻找出影响目标达成的所有因素，从而更好地实现目标。

蛛网思维要寻求整体性。每个影响因素并非孤立存在的，而是相互关联、相互影响的，只有认真分析，寻找各因素之间的潜在逻辑关系并建立链接，从而形成一种网状结构才能保证各要素的协同作用，更好地为目标服务。

蛛网思维重在韧性。由目标、影响因素、行为等组成的螺旋式网状布局，形成了系统性的整体结构，一旦外部环境出现激变，局部的破坏不会影响整体结构，从而能保证核心目标不发生偏移。

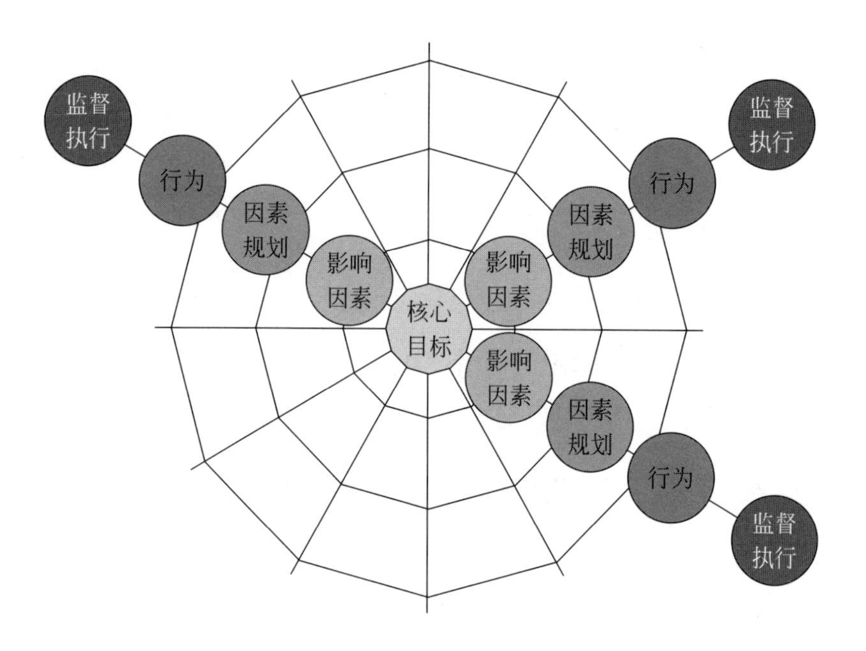

第三节
蛛网思维如何实施

小李从小家境清贫，但学习成绩比较好。硕士毕业之后进入一家国企上班，单位提供免费的早餐和午餐，食堂的伙食比较好，不但饭菜品类丰富而且色香味俱全。上学时小李的一日三餐都要精打细算，手头极为拮据，在单位小李感觉进入美食的天堂。于是他彻底打开了自己的胃，每顿饭都选择自己喜欢的，大快朵颐。

由于吃得多且饮食结构不合理，小李变得越来越懒，刚毕业时还偶尔约同学或同事打打球、跑跑步。随着各种饭局、酒局的增多以及暴饮暴食，小李慢慢地放弃了运动的习惯。

两年之后，小李的身体发生了翻天覆地的变化，原本一百二十多斤的体重一下飙升到两百多斤，对于身高仅仅一米六五的他来说，这样的体重已经让他成为一个地地道道的胖子。

过度肥胖很快让小李尝到了苦头，行动不便、精神萎靡不振不说，小李似乎感觉到视力也出现了问题，看东西的时候变得模糊甚至出现重影现象。

在一次单位组织的体检中，体检结果出来后小李吓出了一身冷汗。血液黏稠、重度脂肪肝、重度高血压，建议到医院就诊。面对这样的结果，小李感到了害怕。

于是他到医院就诊，医生告诉他：血压高达210/148mmHg，属于重度高血压，非常危险，必须开始进行药物降压，并尽快减肥，否则容易出现血管破裂威胁生命安全。

小李意识到问题的严重性，决定开始减肥。

通过网上查找资料，减肥最重要的理论依据就是消耗大于摄入。于是小李确定了减肥的影响因素——饮食、运动、睡眠，初步建立了控制饮食、加强锻炼、合理规划睡眠三条主线。

在查阅了大量的资料并咨询了几名专业人士后，小李决定科学减肥。

在饮食方面小李制订了详细的能量摄入计划，保证身体正常的营养需求，优化饮食结构，减少饮食量。人体都需要正常的一日三餐，只是需要调整饮食结构，减少脂肪和淀粉的摄入，增加膳食纤维含量丰富的食物，多吃蔬菜和水果，多喝水。

在运动方面，小李也制订了详细的能量消耗计划。由于当前的体重过大，诸如篮球、跑步、羽毛球等剧烈运动对膝盖、脚踝等关节的冲击过大，不宜采用。最好的运动是快走和游泳。于是小李决定每周走五休二，开始每次三公里，根据自己身体的反应，逐步增加运动量。隔天一次游泳，每次二十分钟，后面根据实际情况调整运动量。

在睡眠方面，小李制订了作息规划，保证一天七个小时的睡眠时间。

在制订了完善的计划后，剩下的就是执行。有过减肥经历的人都知道，要真正执行起来有多么困难。小李当然也深知这个道理，于是给自己设置了一些小的奖励和惩罚措施，以监督自己的执行。由于小李超强的自制力，严格按照计划执行，并且不断地调整饮食和运动计划，真正做到了科学减肥，身体在慢慢地发生变化。

一年后的一次体检中，小李的体重已经成功降到138斤，看起来非常健硕，完全没有了以前的油腻。高黏血和高血脂也都没有了，血压也在药物的帮助下恢复到正常值，小李又做回了当年那个帅气小伙。

这是一个真实的案例。从这个案例中我们能够看出，小李首先确定了自己的核心目标，那就是减肥。设定减肥这个目标后，他找出影响目标达成的因素：饮食、运动和睡眠。然后对各个因素进行规划和解析并寻找各因素之间的关系，建立链接，再落实到自己具体的行为上，最后就是监督执行。所有的行为和因素都始终坚持以减肥为导向，每一个计划、奖励、惩罚都不背离减肥的初衷，最终在严格的监督和执行中完成减肥的目标。小李减肥的规划中即便其中的某一个因素突然发生改变，譬如偶尔参加一个饭局，打乱了其饮食规划，只要坚持另外几项规划，对其减肥并不能造成颠覆性破坏，这样的思维模式就是蛛网思维。

由此看来，蛛网思维的核心是目标，通过目标的确立找出影响目标达成的所有因素，继而进行因素规划并寻求各因素之间的逻辑关系，根据规划落实到行为上，最后监督执行。这样就形成了一个以目标为核心的网状系统，通过各因素之间的协同作用，从而保证目标的达成。蛛网思维是一种全面的、系统性的思维模式。

第十四章

人生无处不营销——生活中离不开的营销思维

营销是什么？你会营销吗？你会应用营销思维吗？

营销无处不在，每一个成功的人都是营销高手。

第一节 是营销还是欺骗

有一个农村小伙在某大城市工作，由于房价太高，加之小伙收入一般，每月除了房租、吃饭等日常消费所剩无几。一晃小伙就三十岁了，眼瞅着身边的人都娶妻生子，而他依然孑然一身，没有一个姑娘愿意跟他谈恋爱并嫁给他。

临近过年，小伙从网络上得知现在流行租女友回家过年，他突然灵机一动，想了一个租借女友的“好办法”。

于是他在网上发布了一则租借女友回家过年的消息，表示愿意出3000块钱来租女朋友，陪他一同回老家过年，如果女生有兴趣的话，可以联系他，并留了手机号码和微信。

消息发出后，很快收到了三个女孩子的信息，于是他分别约女孩们见了面。其中有一个名叫小雅的女孩让他感觉甚是满意。

小雅个头不高，但长相甜美，斯斯文文。

小雅告诉小伙，今年她不回家过年，自己在一个陌生的城市里过年也没什么意思，正好看到他的消息就约了见面聊聊，合适的话就跟他回家一趟，顺便也能赚3000块钱。小伙虽说长相不怎么好看，但没有很多年轻人的油滑，小雅觉得也算是踏实。

于是小伙就带着小雅回到了他的老家。刚到家门口，小雅就愣住了，原来小伙父母住着一栋非常气派的三层别墅。

进入家中，小伙的爸爸非常热情，嘘寒问暖地聊了会家常。

过了一会，小伙的父亲表示要单独和小雅聊聊，于是带着她走到书房，父亲拿出一张支票，告诉小雅：这是两百万，请离开我的儿子。小雅呆呆地看着刚才温和却又突然变脸的老人，不知所措，一时不知怎么回答。

正在这时，小伙从外面冲了进来，将支票撕得粉碎一把扔回给了父亲，并大声说道："我们是真爱，别用你的烂钱侮辱我们。"说完一手拉起小雅飞奔出去。

小雅很感动。后来与这个小伙结婚了。婚后多年，小伙始终没有提起那个"富豪父亲"，有一次小雅不禁说道："咱们是不是应该回家看看你父亲？"

小伙幽幽地说道："我没有父亲，我从小是个孤儿，别墅是租的，那个老头是我花钱雇来的。"

小雅陷入了沉思……

这是一个看起来让人有点心酸的网络段子。且不说那个姑娘到底是出于什么样的动机选择嫁给小伙，单从小伙对自己的包装来说，小伙无疑是成功的。他很好地营销了自己，并达到了自己的目的。

从营销的角度来说，小伙似乎没有什么错，他没有采取任何违反法律的手段。但从道德的角度来说，却是让人不齿的，突破了大众所能容忍的道德底线，是一种赤裸裸的欺骗行为。

营销是为了达成特定的目标，但营销不能突破社会公德和人们的道德底线，否则就成为欺骗，虽然能达到短暂的利益诉求，但无法成为最终的赢家。所以营销应建立在符合社会公德的基础之上。

第二节 毕加索的成功之路

毕加索是著名的西班牙籍画家、雕塑家，是现代艺术的创始人，西方现代派绘画的主要代表，是当代西方最有创造性和影响最深远的艺术家，是20世纪最伟大的艺术天才之一。

然而年轻时的毕加索虽然画画功力深厚，却并不被人所知晓。毕加索是西班牙人，他初次到巴黎的时候还比较年轻，在巴黎的艺术界没有什么名气。所以他首先要做的就是让自己的名字被巴黎的画商所了解。

于是他花钱请了一些大学生到各个画店、画廊去。这些大学生先在画廊看画，逛完一圈，走的时候问画店的销售人员或老板："老板，你们这里有毕加索的画吗？就是那个西班牙的青年画家。"

老板不知道毕加索是谁呀，但是他又不能问，因为一问就显得自己作为一个艺术品生意人，连一个外国的画家都不知道，那就让人瞧不起了。所以老板只能说："抱歉，现在还没有。"

于是大学生就叹息了一声："真是可惜。"然后摇摇头，走了。

这个年轻人走后，不久又来一个年轻人，又是看了画之后问一句："老板你们这里有毕加索的画吗？"

就这样在两周的时间里，巴黎各个画廊的老板都听到有人问毕加索的画，通过这些年轻人，知道了毕加索这个名字，而且知道竟然有这么多年轻人想买这个叫毕加索的西班牙画家的画。

知道了毕加索这个人以后，他们关心的另一个问题就成了："哪里可以买到毕加索的画？"

于是在两周之后毕加索带着自己的画去画廊推销的时候，他的画被抢购一空。

毕加索虽然是一名功力深厚的画家，但如果他不进行充分的营销，由于其籍籍无名，他的画作也不会被画廊老板所接受。商人的本质是逐利的，他们更愿意销售一些消费者接受程度高，能马上给他们带来效益的作品，而毕加索当时的情况显然是不符合这个规则的，所以要想迅速被画廊老板接受，他对自己实行了很好的营销。

倘若毕加索没有前期的这些营销手段，他只是拿着自己的画作挨家画廊去推销自己的作品，介绍作品是如何如何优秀，相信绝大部分画廊老板是不会给他机会的。

所以，人生想要成功，往往需要主动营销。

如何实现想要达到自己目标的自我主动营销呢？通常要满足以下几个原则。

首先，要清楚地分析对方的诉求。毕加索在主动营销过程中就很好地把握了这一原则，他清楚地知道，画廊老板是通过销售来实现盈利的，通常来说，什么样的作品好卖他们就卖什么，这样才能迅速实现利润转化。一个小学生想要让爸爸妈妈为自己买一部手机，他仅仅说为了跟同学联系方便，这样的理由显然无法说服家长，因为家长的关注点并不在这里。那家长的关注点是什么呢？一个是孩子的安全问题，另外一个是孩子的学习问题。如果孩子告诉家长，万一我遇到危急情况无法联系你们怎么办？通过手机还可以看优秀的作文、题目解析，帮助提升学习成绩。而这样的理由是家长一时无法拒绝的。

其次，创立一个热点事件，迅速吸引大众关注。毕加索的主动营销过程充分遵从了这一原则，毕加索故意制造作品短缺、社会认可度高等热点事件来帮助其自我营销，让人们对作品产生兴趣，从而达到让画廊老板们愿意为之宣传的效果。

再次，实现快速传播。毕加索画作的短缺迅速在画廊老板中热传，他们就会关心怎么才能购买到毕加索的作品。从而让更多的人关注到，引发了进一步传播，形成叠加效应。

最后，迅速实现转换。任何热点事件都有一定的时效性，一旦错过了热度就失去了主动营销的最好时机。毕加索在其作品紧俏的热点过程中，迅速在各大画廊推销自己的画作，从而起到了很好的效果，实现了主动营销的效果转化。同样，小学生在说服家长为自己买手机后，应该马上催促家长完成购买行为，一旦失去这个节点，家长或许就会反悔。所以任何形式的主动营销都要迅速与转化建立链接，机不可失、时不再来。

第三节
凡事皆营销

现实生活中我们经常会遇到堵车的问题，譬如路上发生事故，导致这条路的双行道变成了单行道，两边的车堵在路上无法通行，你又有非常重要的事情着急赶回去。所以要说服对面开出租车的司机让自己先过去。

你要怎么说服对方呢？

“麻烦您让一下，我家里有急事。”

“麻烦您让一下，我急着去参加一个重要的会议。”

“您能不能先让一下？我着急去见一位重要的朋友。”

……

这是大部分人都会说的话，算是比较客气、谦卑、礼貌的说法，但现实中的效果却并不好。而有些言辞粗暴的人就更不可能让问题得到解决，从而达到自己的目的。

为什么这些说服方法都会以失败而告终呢？

这些说服方法仅仅关注了自己的需求，而忽略了对方的感受，本质上是一种极端自私的利己主义。在堵车过程中大家普遍都比较烦躁，而你为了达到自己的目的让别人来谦让，怎么会有好的效果呢？人家为什么要让你呢？人家就没有着急的事情了吗？

那如何说服对方出租车司机愿意给自己让路呢？跟出租车司机说："在我们两个人中，您才是更专业的司机。"

其实很多出租车司机都有一种需求，就是想证明自己，是比其他司机更专业的司机。如果这么一说，正好给了这位出租车司机一个证明的机会，满足了他的这种欲望。虽然这样的说法无法百分之百会成功，但成功的概率则会大很多。

当然语言的用词和表达的技巧是需要根据对方的角色来进行分析的，只有抓住了其内心的欲望和诉求才能做出恰如其分的沟通。但通常来讲，适当的赞美和肯定往往能起到事半功倍的效果，人在被肯定和赞美的时候是最容易破防的，恋爱中甜言蜜语就是很好地利用了人们的这一心理。

而在我们日常生活中大多数人为了达到自己的目的进行的沟通，都只是自我表达、自我描述、自我同情，并没有真正跟对方的需求联系在一起。也就是说没有从对方的需求出发进行有针对性的沟通，而是站在自己的立场和自己的需求上：我家里有急事，我时间来不及了，我单位等着我开会，等等。这些理由看不出跟对方有任何关系，既然没有关系，人家为什么要谦让你？所以说这些措辞都是利己主义，很难引起对方的共鸣，也就无法达到自己的目的。

在我们生活中，时时处处会遇到类似的问题。我们就要不断地营销自己、说服别人。

很多人都会认为营销就是产品实现销售的过程，是一个纯粹的商业行为，而忽略了我们生活中的营销。营销的本质是什么？直白地说，营销就是让自己的想法或产品被对方接受的过程。

孩子为了达到自己的需求说服家长为自己买东西是营销，我们平时逛街跟商家讨价还价是营销，在单位中如何引起领导重视是营销，说服妻子晚上吃西红柿而不是黄瓜也是营销。生活中永远离不开营销，所有高情商的人都是营销的高手。

因此我们生活中遍地是营销，这就要求我们掌握必要的营销技巧，形成随时随地进行营销的思维模式。

第四节
无所不在的营销思维

李大伯是地地道道的农村人，在自己村里建了个养鸡场，养了数千只鸡，鸡的市场行情好的时候一年有几万的收入，在农村也算是比较可观。

然而鸡的市场行情非常不稳定，不巧的是，这年鸡价大跌，大伯一年下来几乎没有挣到钱，因为大伯养的鸡多用谷物喂养，饲养成本相对就要高些。

李大伯感觉他喂养的鸡与规模化饲料养殖的相比，虽然肉质更好，但是在农村，销售价格上不去，好像也没有什么优势，并且喂养成本更高。李大伯为此非常烦恼，而且随着粮食价格的提高，这些鸡一天要吃上千元的粮食。

有一天儿子从城里回来看望李大伯，儿子是个钓鱼爱好者。看到李大伯为养鸡的事愁得焦头烂额，于是就给李大伯出主意："爸爸，我看咱家的鸡场边上有一个荒废的鱼塘，能不能跟村里商量一下，把鱼塘给承包下来？"

“包鱼塘有啥子用？鱼也不值钱，再说我也不会养，你这不是添乱吗？”李大伯一听儿子的话，气就不打一处来。

“您先别着急，听我慢慢跟您说啊，”儿子笑言道，“您把鱼塘承包下来，一来鸡粪可以养鱼，二来可以把鸡卖给来钓鱼的人。我平时喜欢钓鱼，知道现在钓鱼的人非常多，您把鱼塘包下来也用不了几个钱，把鱼塘变成钓场。”

“这能行吗？”李大伯疑惑地问道。

“行，肯定行的。您只需要告诉钓友，来鱼塘钓鱼，300元钱可以钓一天，不但可以把钓到的鱼带走，还赠送一只土鸡。您喂养的鸡钓友就能看到啊，是纯粮食喂养的。”

李大伯沉思了一下，又找出计算器算了算，点了点头说：“嗯，要么我试一下？”

于是李大伯跟村里商量了一下，用很便宜的价格将废弃的池塘承包了下来，跟自己的鸡场连通到一起，并买了五千块钱的鱼放进池塘里。

李大伯在公路边立起了一个广告牌：钓鱼一天三百，并送土鸡一只。儿子也在他的钓友圈里告知了一下。来李大伯的池塘不但能钓到鱼，还有宰杀好的土鸡，形成了良好的口碑。自此，天天有人来李大伯鱼塘钓鱼，人气越来越旺，后来李大伯又开了家常菜馆，为钓友提供美味的农家菜，自己的鸡再也不愁卖了。一年下来收入比以前翻了几倍。

一个经营窘迫的养鸡场，稍微转变一下思路，瞬间就起死回生，不得不赞叹这样的经营谋略。在我们日常生活中会遇到各种各样的问题、困境，这就需要我们充分利用营销思维去解决生活中的难题，这不但是谋略，更是一种人生智慧。

营销思维是什么？就是针对我们日常生活中遇到的难题，从营销的视野出发，利用营销的理论知识，分析、归纳、总结问题，并找出适当的解决方案，从而达到自己的目的。而营销中最重要的理论就是需求，所以营销思维的核心也是需求，只有抓住对方的需求并找到合理的方式去满足，才是营销思维的精髓。

第十五章

实现人生突破——爆点思维

大事件的发生往往仅需要一个小小的引爆点。一只南美洲亚马孙河热带雨林中的蝴蝶偶尔扇动几下翅膀可以引发得克萨斯的一场龙卷风。

爆点是什么？爆点怎么形成？爆点能给你带来什么？爆点思维如何实施？

第一节 突破需要爆点

王守仁（世称阳明先生、王阳明）是我

国古代有名的哲学家、教育家、政治家和军事家，“心学”创始人。其精通儒家、道家、佛教，且具非凡的军事才能和精深的文学艺术造诣。官至南京兵部尚书，封新建伯，卒谥文成。他一生仕途坎坷，然治学不倦，成就卓著。他创立的“心学”思想体系，在封建社会后期产生过重要影响。

王阳明出生于显赫家族，父亲王华是成化十七年(1481年)的状元，官至南京吏部尚书。王阳明天赋异禀，从小就有远大的志向。在他读书时，老师问他们读书是为了什么，其他人都回答为了中科举，唯独王阳明说自己读书是为了做圣贤。一句“读书做圣贤”石破天惊，从此这句话深深植入阳明的脑海中，每当见到有学问的人，必请教成圣成贤的方法。王阳明对着竹子苦思冥想七日七夜，但什么都没“格”出来，还遭大病一场。这就是阳明“亭前格竹”的故事。

27岁的王阳明考中进士，正式步入仕途。虽几经沉浮，但一生战功卓著，青史留名。

而真正让王阳明实现人生突破的还是在贵州一个叫龙场的小地方。

王阳明由于得罪了当朝宦官刘瑾，被迫害流放到贵州龙场，当年的龙场偏远荒落，《王阳明年谱》里有记载：龙场在贵州西北万山丛棘中，蛇虺魍魉，蛊毒瘴疠……可见龙场生存条件是何等艰苦。

王阳明在龙场经历了诸多生死考验，靠着自己强大的信念撑了过来。在如此恶劣的环境下，面对极端的逆境，王阳明并没有选择逃避与放弃，而是问了自己一个问题：如果是圣人，在这种情况下会怎么办？王阳明并没有放弃追求成为圣人的信念，就是这种信念让他坚持了下来。

据传，王阳明自己制作了一个石棺，晚上将自己置于石棺之内，苦思冥想。有一天风雨之夜，天空突然狂风而至，一道惊雷传来，阳明先生突然大彻大悟，从石棺中坐了起来，一阵长啸，大声说道："始知圣人之道，吾性自足，向之求理于事物者误也。"也就是说，现在终于知道了圣人之道，都是要向内心求，以前老是想从外物中追求真理的做法都是错误的啊。这就是著名的龙场悟道。

王阳明冥思苦想了几十年的问题，在龙场的石棺内顿悟，这样的事件我们称之为爆点事件。

一只南美洲亚马孙河流域热带雨林中的蝴蝶，偶尔扇动几下翅膀，可以在两周以后引起美国得克萨斯州的一场龙卷风。这就是我们所谓的蝴蝶效应，其原因就是蝴蝶扇动翅膀的运动，导致其身边的空气系统发生变化，并产生微弱的气流，而微弱气流的产生又会引起四周空气或其他系统产生相应的变化，由此引起一个连锁反应，最终导致其他系统的极大变化。蝴蝶扇动翅膀这一微小事件却能引发事物发生巨变，所以也是爆点。所谓的爆点是指能让事物发生巨大变化的事件。

由此看来，事物需要发生质变必然会有一个突破点，这样的突破点就是爆点。在人们的日常生活中这样的爆点事件也是层出不穷。

2012年8月26日发生在陕西延安的特大车祸举国震惊，车祸现场一名官员戴着名牌手表、面带微笑的照片惹怒了全国网友。随着网友对这名官员关注度的提高，网友们继续深挖，发现在出席不同的活动时，他经常更换自己的手表，至少有数块不同的表，而且这些手表大都价值不菲。由一块手表引发的贪官声讨在全国浩荡上演。2013年8月30日，西安中级人民法院在3号法庭公开开庭审理该官员受贿、巨额财产来源不明一案。同年9月5日该官员获刑14年。

2008年12月南京市某区一官员因对媒体发表“将查处低于成本价卖房的开发商”的不当言论，引发全国网友的不满，随后其开会时手边放着的一盒香烟的照片被网友上传至各大论坛。网友进行一番搜索后发现，其所抽的烟每条售价1500元。最后江苏省南京市中级人民法院作出一审判决：该名官员犯受贿罪，判处有期徒刑11年，没收财产人民币120万元，受贿所得赃款予以追缴并上缴国库。

一个微笑一块手表，一句话一包香烟都成了引发社会关注的爆点，从而让贪污受贿的幕后真相公之于众。

2021年7月18日18时至21日0时，郑州出现罕见持续强降水天气过程，全市普降大暴雨、特大暴雨，累积平均降水量449毫米。郑州的特大洪灾牵动了全国人民的心。全国各大企业、社会组织和普通民众纷纷伸出了援助之手。

7月21日下午，鸿星尔克在微博平台宣布，通过郑州慈善总会、壹基金紧急捐赠5000万元物资驰援河南灾区。声明发出后，引发大量网民关注并在其官方微博账号下发表评论。

7月22日晚，鸿星尔克的微博评论登顶热搜，鸿星尔克被推入舆论热潮。此后，话题热度持续飙升，成为舆论场的热门议题。

截至7月26日19时，该话题阅读量已达10.2亿次，评论数超17万条。鸿星尔克官方捐款声明微博转载数达22.9万次，评论数超28.4万条。

随之而来的是，消费者纷纷涌向鸿星尔克的店铺将货物抢购一空，公司多次发表声明号召消费者理性消费，但仍然挡不住大众的购买热情，购买鸿星尔克的产品成了当时社会上最时尚的行为。

鸿星尔克公司的一则为郑州洪灾捐款的声明成了引爆消费者争相购买的爆点，从而让鸿星尔克成为社会的热点，提升了其品牌知名度和影响力。

由此看来，无论是个人、企业还是社会组织，要想取得突破就要找到一个突破点并通过合适的渠道引爆，引发大众关注，从而实现逆袭。

第二节
爆点的法则

外卖小哥徐小超，老家在江西上饶的广丰区，高考失利后离开老家，到了上海。他的第一份工作是外卖，干了两个月，每个月都被顾客多次投诉而扣很多钱。他感觉受到了歧视，觉得顾客看不起送外卖的。

要让人尊敬，首先就要让自己变得优秀，于是徐小超开始了自己的规划。首先，他认为必须跟优秀的人在一起。于是他加入了单位的“专星送”团队，这支外卖队伍专门负责星巴克咖啡的配送，徐小超认为，喝咖啡的人无论是财富、教育、修养都会好很多，这样更有助于自己提升。

他的判断果然没有错，连续送了一个月的咖啡竟然没有一个差评。这让他喜出望外，但接踵而来的又是新的烦恼。

在星巴克的客户群体中有不少都是外国人，外国人可分为两个群体，一个群体是懂中文能用中文进行交流，另一个群体就是完全没办法用中文沟通。

由于很多外国人都比较注重隐私，他们下订单并不愿意标注自己的具体门牌号，往往只会写单元楼，送餐员就必须电话沟通。可徐小超根本就无法沟通，这深深困扰着他。

他的绝大部分同事也都跟徐小超类似，无法用英语交流。他们遇到英文备注又没有详细地址的单子基本都不敢接，而这样的单子价格一般都比较高。

徐小超发现了这个机会，于是开始自学英语。他去书店买了书和相关资料，在业余时间不断地练习，一个月后，跟送餐相关的英语他基本都掌握了，也可以流利地跟外国点餐者沟通，其业绩也随之飙升。

2019年11月15日，徐小超登上了微博热搜。“外卖小哥为干好工作自学英语”的新闻让他走进了全中国网民的视野。他收获了1.7亿次点击。徐小超瞬间成为外卖骑手中的明星。随后又相继登上东方卫视、央视等大型媒体，实现了人生的逆袭。

前有北大保安张俊成，后有外卖小哥徐小超，每个人都不想一辈子平平淡淡、碌碌无为，每一个平凡的人都梦想实现丑小鸭变白天鹅式的人生逆袭。但并不是每个人都能得到自己想要的成功，毋庸讳言张俊成未必是保安里面最优秀的，徐小超也不一定是外卖小哥里的翘楚，但他们实现了自己的目标。一则微博引爆舆论成就了徐小超，人生逆袭需要自己艰苦的奋斗，也需要这样的事件进行引爆，从而实现人生的华丽蜕变。

爆点能加速事物的发展，从而达到事半功倍的效果。不是所有的事件都能成为爆点，爆点事件需要具备如下两个条件。

条件一：内因是主导。内因是事物发展的决定性因素，外因能起到助力，但改变不了事物发展的总体方向。对于个体来说，个人的修为、知识储备、经验积累、思维方式都是决定人生成败的关键因素。倘若徐小超没有经过英语学习的磨炼，也就很难从数百万的外卖小哥中脱颖而出。

条件二：事件载体。任何爆点事件都需要依托于相应的载体，载体可以是一个事件、一个行为、一种现象、一个物品。鸿星尔克引发爆点是依托于郑州特大洪灾，徐小超引发爆点则是基于英语。由此看来，事件的引爆点必须要依托于某种载体。

上述的两条是引发爆点的必要条件，并不是说具备以上两个条件就能引发爆点，爆点的出现是一个看似偶然、简单，实则非常复杂的一个程序，就如蝴蝶效应的产生一样，是由一系列繁杂的事件共同作用综合形成的。生活中的爆点也是复杂多变的，需要多方面的因素。

第三节
爆点思维的逻辑

我们都知道任何事情的成败都由内外两方面的因素所决定，

爆点思维的核心就是综合分析内外部环境，并使两者充分融合、协同发展，从而使事件本身产生爆破性发展的一种思维方式。

爆点思维的基础是环境因素。一个爆竹要实现爆炸需要哪些外部因素呢？首先要有氧气，有了氧气才能引燃。其次，还需要有合适的湿度，如果湿度过大，显然是无法让爆竹实现引爆的。再次，还需要有足够的空间，爆炸的本质就是一种热量的传递并迅速产生气体，爆竹的燃料要迅速由固态变为气态并释放出来，这就需要有足够的空间。另外，还需要引爆的热源，只有热源达到一定的温度，才能点燃爆竹的捻儿，从而引发其爆炸。所有这些影响爆竹进行引爆的外部因素缺一不可，并且需要同时存在。

爆点思维充分遵循这一自然规则，任何一个爆点的引燃都离不开外部因素：事件本身的性质、大众的关注度、自然环境、经济环境、政治环境、宗教环境等。众所周知，印度由于文化的缘故，几乎不吃猪肉和牛肉，而肯德基在印度除了传统的鸡肉汉堡外，迅速推出羊肉汉堡而大受欢迎。任何事件的引爆都必须充分分析外部环境因素，找到与之匹配的契合点，从而引发大众关注，形成爆点。爆点思维需要关注如下几方面的内容：

出奇才能引发关注。之所以能成为爆点在于新、在于奇。能吸引大众眼球的不是家长里短，也并非猫三狗四，而是一些新颖的、奇特的事件。正如美国《纽约太阳报》19世纪70年代的编辑主任约翰·博加特解释新闻时说的一句话：狗咬人不是新闻，人咬狗才是新闻。这就很好地解释了要想实现爆点事件，就必须跳出常规，寻找一些新颖、奇特的视角来进行突破。

热点话题更容易衍生爆点。社会热点事件本身就是大众关注的焦点，依托于热点事件更容易吸引大众眼球，从而形成爆点。热点话题本身的社会关注度高，具有先天的流量基础，抓住热点话题进行更深一步地延伸、挖掘、创新更容易衍生爆点，鸿星尔克事件就是一个很好的佐证。

“第一”更容易让人印象深刻。我们都知道每个人对同一事物的理解认知是不同的，甚至同一人在不同情境下对同一事物也会有不同认知。譬如我们对张三的记忆，有的人记住了他的名字但记不得他的长相和身高，有人过很久也能认出来这个人但却记不得叫什么，这就是记忆偏好。虽然每个人的记忆偏好不一样，但人们对第一的记忆偏好往往是统一的。例如，我们都能记住世界第一高峰是珠穆朗玛峰而很少人能记住世界第二高峰，第一个登月的是阿姆斯特朗但鲜有人能记住第二个登月的是谁，中国第一个获得奥运金牌的是许海峰而第二个是谁大部分人都模糊不清。由此看来，形成爆点也要尽量选取一些独特的视角，迎合人们的记忆偏好，让大众更容易记住。

爆点需要正向、积极的信息。前文提到的两个贪官显然也是形成了爆点，但这样消极、负面的爆点事件是让其个人走向毁灭，无助于其人生发展。只有积极的、正面的爆点事件才能达到无限传播的效果，也会让大众记忆更深刻、更久远，从而更有利于个人或者组织形象的建立，实现颠覆性发展。

无限传播才能催生爆点。孔子的儒学思想之所以能在当时的社会引发关注，能流传数千年，除了其思想的传世性当然也离不开孔子的游说，更离不开数千追随者的四处传播。爆点事件需要具有良好的传播性，这样才能让更多大众知道，也就更容易形成爆点。

在流量制胜的信息化时代，默默无闻将泯灭于茫茫人海中。无论是个人还是组织要想取得成功都离不开爆点思维的灵活运用。爆点能让个人或组织迅速被大众所认知，快速开启流量密码，从而实现逆袭。

第十六章

达摩克利斯之剑——危机思维

达摩克利斯之剑是什么？居安思危在现实生活中有什么意义？危机仅仅是危险吗？

安而不忘危，存而不忘亡，治而不忘乱。——《周易·系辞下》

第一节 人人都有把悬于头顶的达摩克利斯之剑

从前有个国王，经常以举行盛大宴会的方式向人们显示其财富和威严，国王有个宠臣，名叫达摩克利斯。

有一天，达摩克利斯对国王说："尊敬的国王，您的荣华富贵真是让人羡慕，能过上这样的生活是每个人梦寐以求的事。"

国王听了微微笑道："既然这些你如此羡慕，有没有兴趣亲身体验一下，看看我过的究竟是怎样的生活？"达摩克利斯愉快地接受了国王的建议。

于是，国王命人把达摩克利斯置于其富丽堂皇的王座上。国王能享受的一切，都让他充分地体验。

正当达摩克利斯沉浸在饕餮盛宴、莺歌燕舞的幸福之中，突然他发现头正上方悬着一把寒光闪闪的锋利宝剑，宝剑上方仅仅用了一根细细的马鬃系着。达摩克利斯吓得惊慌失措，顿时失去了对美食和美女的兴趣，落荒而逃。

看似生活奢华让人羡慕的国王居然也生活在恐惧之中，让达摩克利斯惊诧不已。原来国王的生活不只是荣华富贵、万人敬仰，也随时潜伏着杀机。

每个人都会面对各种各样的危机，而且危机本身就有其存在的合理性。为什么说合理呢？这或许有些荒唐，试想一下如果自然社会没有危机发生，那还谈什么竞争？竞争本身就潜藏着危机，竞争是大自然优胜劣汰的基本法则，兔子在觅食和睡眠时都可能会成为虎狼的美食，你无法预测接下来会面对什么，你也无法知晓你的竞争对手下一步会做什么，你更无从预测明天会有何不测风云。或许一场龙卷风、一次海啸就会让社会瘫痪，一个闪电都可以终止一个人的生命。

我们时时刻刻都处于危机之中，我们常见的危机可分为如下几类：

社会危机。人是群居动物，每个人都是自然社会的一个组成部分，无法脱离社会而孤立存在。当今社会竞争无处不在，个人竞争、组织竞争、国家竞争充斥在我们生活的每一个角落。资源分配的矛盾是形成竞争的基本要素，因此竞争的核心是资源，个人与个人之间是物质资源与权力资源的竞争，企业与企业之间是市场和消费者的竞争，国家与国家之间是自然、科技、人力资源和领导力的竞争。竞争能促进人类社会的发展与进步，但当某些竞争不可调和的时候就形成了社会危机事件，譬如武力战争、经济战争、贸易战争、金融战争等等，这些危机事件伴随着人类历史的进程，每个人都无法脱离整体社会环境而独善其身。

自然危机。2008年的汶川地震让多少人丧失生命，让多少家庭妻离子散。全球新冠疫情成了全人类的健康威胁，造成的经济损失更是无以计数。人类历史进程就是不断与大自然奋争的过程。地震、飓风、海啸、火山、瘟疫等自然灾害随时都在侵袭人类。据统计，在地球的各个角落每时每刻都在发生着大大小小的自然灾害，这对人类的生存环境、健康都形成了极大的威胁。所以自然危机无时无刻不存在于我们的生活当中。

安全及隐私危机。这也是每个自然人必须面对的问题，交通事故、食品安全、环境安全、信息安全等都是我们日常比较关注的事件。某公共卫生杂志就发布了一篇报告，统计了2006年至2016年我国交通事故死亡数据。报告显示，这11年当中总共有116238人因为交通事故而死亡，也就是说，平均每年会有一万人因为交通事故而死亡。这是一个极为恐怖的数据，如果数据放宽到全球，每天得有多少人死于交通事故？在事故中受伤的数字也许会更加恐怖。随着互联网及信息技术的进一步普及和发展，信息安全也成了当代人必须要面对的社会问题，信息泄漏、隐私曝光等都成了每个人潜在的危机。

健康危机。社会压力大、生活负担重、生活不规律让很多人感觉到精力透支，据不完全数据表明，中国的超重和肥胖人口已达2.6亿，高血压人口1.6亿，血脂异常人口1.6亿。更恐怖的是癌症，每15秒降落到一个中国人身上，不分男女、老少、贫富或尊卑。癌症已经成为中国人的第一大死亡原因。除了生理疾病外，心理疾病近几年也在肆虐成风，根据2021年权威数据显示，抑郁症的全球患者超过3.5亿，中国就有高达5400万人患有抑郁症，约占我国总人口数的4%，相当于100个人里面就有4个抑郁症患者。因此健康危机应该让每个人都感到自危，做好健康管理成了现代人必须面对的课题。

竞争危机。现代信息更新快，各类新技术、新概念、新理论层出不穷，人们必须积极面对信息爆炸的时代，加之人才流动和竞争逐步加强，每个人的工作生活中都存在很大的竞争压力。江山代有才人出，一代新人换旧人，如何保持自身的持久竞争力成为人们绕不开的议题，不想被社会和公众抛弃或淘汰就需要时刻保持危机感，不断强化自身修养，提升知识储备。

人际危机。很多人都经常会有这样的困惑：夫妻关系冷漠、与同事交流不畅、亲子关系不顺、人际交往中缺乏自信等。这些都属于典型的人际关系危机，这些看似不起眼的小障碍却可能成为生活中的大杀器，这就需要人们转变思维方式，优化沟通技巧，从而消除在交流沟通中的人际关系危机。

信仰危机。如今社会物质资源丰富，只要肯努力，没有人会为衣食犯忧。人们对物质资源的追求欲望仍然强烈，绝大部分人是为了改善提升当前的物质生活，这无可厚非。人们将大部分精力投入在对物质的追求上，却忽略了自身精神文明建设，缺乏精神依赖，这就造成了很多人生活迷茫，尤其是退休后生活瞬间失去了光彩，甚至自我封闭、自我否定、精神恍惚，这就是信仰危机造成的后果。所谓的信仰本质就是人们追求的精神生活，人不仅仅生活在物质世界里，心理的归属感和依存感也是极为重要的。

“安而不忘危，存而不忘亡，治而不忘乱。”生活中没有绝对的顺风顺水，总会潜藏着一些危机。随着网络技术的发展，全球进入信息爆炸的时代，地球变村落，互联网以锐不可当的力量把触角伸向四面八方，信息的传播率、转载率以几何级数提高，其带来的巨大影响也让人喜忧参半。现今社会，一个人可能因为一件微不足道的小事饱受口诛笔伐，一个企业可能因为一次危机事件而轰然倒塌。危机充斥于世界的每一个角落，每个人都有一把悬于头顶的达摩克利斯之剑。

第二节
未雨绸缪才能运筹帷幄

儒家代表人物之一孟子的“生于忧患，死于安乐”，说的就是这种居安思危的意识。表达的意思是忧愁患难的处境可以使人发奋而得以生存，安逸快乐的生活可以使人懈怠而导致灭亡。只有心怀一定的危机感和忧虑感才能在激烈的竞争中得以生存。

“温水煮青蛙”是大家都比较熟悉的一个典故，最早出自19世纪末美国康奈尔大学科学家做的一个水煮青蛙实验。实验讲的是：将青蛙直接放到热水里面，青蛙感觉到烫会直接跳出来，但是把青蛙先放入装着冷水的容器中，慢慢给水加热，青蛙就不会跳出来了，等到温度升高，青蛙感觉到不舒服的时候，会变得烦躁并试图逃离当前的环境，但这时它已经没有足够的力气跳出来了。

温水煮青蛙的意思是太舒适的环境往往蕴含着危险，就像青蛙刚开始在温水中一样很舒适，没有察觉到危险，如果一直不改变，这些潜藏的危险会给你带来致命的打击。

这个故事也在告诉大家大环境的改变有时是循序渐进，并不容易能轻松感觉到的，因此我们应时刻保持警醒，而不是安于现状，不要总是待在舒适区，要善于改变，才能真的不被淘汰。

扁鹊是中国古代著名的神医，有一次魏文侯问扁鹊："听说你们家兄弟三人都是医生，谁的医术更高明呢？"

"大哥医术最高，二哥医术次之，我的医术最差。"扁鹊答道。

"可是你是你们三个当中最出名的啊，你为什么说你的医术最差呢？"魏文侯问道。

"大王有所不知，我治的病都是在病情严重的时期，大家都认为我很厉害，所以全国的人都知道我；二哥治病是在病情初起之时，老百姓都以为他只能治小病，只有乡里人知道他；而大哥治病则是在病发之前，一般人不知道他能提前看出病因，都认为他不会看病，连乡里人都不知道他，但实际上他的水平是最高的。"

"上医治未病之病，中医治欲病之病，下医治已病之病。"扁鹊补充道。

身体的疾病绝不是突然形成的，都会经历一个发生、发展、发作的过程，最高明的医生会将疾病消灭于萌芽状态中，而不是等疾病发作了才进行医治。人生亦是如此，每个人都会犯错误，而每一次大错误的爆发也是经历发生、发展和发作的过程，抢劫犯并不是生来就有抢劫念头的，而是家长一次次地容忍他犯下的小错误，经过长期的积累、酝酿才会导致抢劫行为的发生。

危机跟其他任何事物都有其从诞生到消失的过程，那么危机的整个发展过程中都有哪些阶段呢？各个阶段的特点是什么？

危机的整个发展过程可具体分为潜伏期、萌芽期、发展期、爆发期、平息期五个阶段，在每个阶段危机的特点和表现出来的危害程度以及被关注的程度也是不一样的。

潜伏期的特点：无法感知一些可能造成危机的影响因素，只有通过特定的预测方法才能发现危机的潜存。这是解决危机最容易的时期，但却因没有明显的标志性事件而不易被人察觉。在这个阶段，诱发危机的各种因素渐渐集聚，对危机区域不断施加压力，寻找适当的时机突然爆发。

萌芽期的特点：已经能发现一些爆发危机的迹象，但这些迹象没有形成很大的威胁，往往容易被人忽视。如：人们在一次感冒前会出现鼻塞、乏力等轻微症状。事件在不可预知的时空发生，初期表现影响甚小，危害不大，一般不能引起普遍的关注。在这个阶段由于信息传播不广，影响力小，可称为“弱效应阶段”。这个阶段持续时间或长或短，不仅苗头开始出现，而且烈度逐渐增强。

发展期的特点：会频繁地发生一些影响个体或组织技能的事件，而且很容易被发现，此时人们采取一些手段可以避免危机的爆发。如卒中患者在卒中前会经常出现一些手脚发麻、偶尔性言语不清等症状，这些症状一旦被人们所重视并接受治疗，往往就可以避免卒中的出现。

爆发期的特点：人们面临可以影响其生存的事件，这类事件引起极大关注，会突然爆发，而且迅速演变。它在五个阶段中持续时间最短，但会立刻引起重视，对人们冲击、危害最大。这个阶段被视为有决定意义的战略阶段，这也是危机中最困难、最急迫的时期。

平息期的特点：采取手段以后，危机或引发重要变化或停滞或带来积极的影响。这个时期长短不一，但其重要性不可忽视。如果处理不当，危机平息期可能成为新的危机发展期。

第三节
有危机才有转机

没有人愿意遭遇危机，但危机往往会不请自到。很多人都想当然地认为危机就是危险，实则不然，危机包含着两层含义，一个是危险，一个是机遇。也就是说危机是危险和机遇的综合体。危险里藏有机遇，同样机遇中也蕴藏着危险。所以危险和机遇并不是孤立存在的，而是互相包含可以相互转化的。没有绝对的危险，同样也没有绝对的机遇。

现代社会中，卫星定位系统已经成为人们日常生活中不可或缺的一部分。在导航、勘探、测绘、救援等领域，定位系统更是发挥着无法替代的作用。

当前全球有四大卫星定位系统，分别是：中国北斗卫星导航系统（BDS）、美国全球定位系统（GPS）、俄罗斯格洛纳斯卫星导航系统（GLONASS）和欧盟伽利略卫星导航系统（Galileo）。中国的北斗导航系统的发展并非一帆风顺，是冲破西方重重阻力和围剿独立研发的。

为了打破美国GPS卫星定位系统的垄断地位，欧洲航天局于2003年制定了一个名为“伽利略”的卫星导航系统建设的计划，由于该计划需要投入大量的资金进行研发，而欧洲的财政资源远远不够支撑如此庞大的计划，于是在全世界范围内融资，希望更多的国家来加入并提供资金支持。

我国于20世纪90年代就已经启动了自己的卫星定位项目的研发，但是由于美国的技术封锁，缺少相关技术资料，项目进展一直比较缓慢。正在中国一筹莫展的时候，欧洲提出了伽利略卫星导航系统建设计划，于是中国投入数亿欧元，加入“伽利略”的计划。

有了中国大量资金的注入，欧洲的“伽利略”卫星导航系统建设计划得以顺利开展，按照事情正常的预期，伽利略计划的成功是毫无悬念的事情。但是事情的走向却悄悄发生了变化，三年后，欧洲以监管、服务等“安全问题”为由，决定将伽利略计划内部化，不再允许其他非欧盟国家参与其中，于是将中国踢出了伽利略计划。

一场危机悄然降临到中国头上。

由于当时中国的国际地位和影响力还远远不够，也只能自己吃了这个哑巴亏，于是开始了独立自主的北斗卫星导航技术的研发之路。

2020年6月23日，我国在西昌卫星发射中心用长征三号乙运载火箭，成功发射北斗系统第五十五颗导航卫星，暨北斗三号最后一颗全球组网卫星，至此北斗三号全球卫星导航系统星座部署比原计划提前半年全面完成。

然而，回首望去，“伽利略”仍然在各国的扯皮、争吵当中艰难前进。如果当初没有被欧洲踢出这个计划，也不会有北斗卫星导航系统的诞生。一场危机事件，让中国凭借自己的努力和智慧独立研发出了属于自己的卫星导航系统，真可谓是危机为中国提供了发展的机遇。

2019年5月15日，时任美国总统特朗普签署行政命令，宣布进入国家紧急状态，在此紧急状态下，美国企业不得使用对国家安全构成风险的企业所生产的电信设备。同日，美国商务部宣布，将华为及其子公司列入出口管制的“实体名单”。

5月17日凌晨，华为发布了一封致员工的内部信，华为多年前已经做出过极限生存的假设，预计有一天，所有美国的先进芯片和技术将不可获得，而华为仍将持续为客户服务。

5月20日，美国谷歌公司暂停与华为的部分业务。这意味着，华为将不能获得谷歌公司旗下安卓（Android）系统的及时更新。

随后英国、加拿大、日本等国陆续表态开始制裁华为。

2019年8月9日，华为在东莞举行华为开发者大会，正式发布操作系统鸿蒙OS。鸿蒙OS是一款基于微内核的面向全场景的分布式操作系统，现已适配智慧屏，未来它将适配手机、平板、电脑、智能汽车、可穿戴设备等多终端设备。

2020年8月，为应对美国对华为的技术打压，华为如期启动了“备胎”计划。这项计划包括了意在规避应用美国技术制造终端产品的“南泥湾”项目。

南泥湾生产大运动产生的背景是抗日战争进入战略相持阶段后，敌后战场的斗争形势日益严峻，大生产运动目的是克服抗日根据地困难，总方针是发展经济、保障供给。1939年2月，当困难刚刚露头的时候，毛泽东就发出了“自己动手”的号召。1941年，党中央再次强调必须走生产自救的道路。同年春，八路军第三五九旅开进南泥湾实行军垦屯田。他们发扬自力更生、奋发图强的精神，使昔日荒凉的南泥湾变成了“陕北的好江南”。

华为用“南泥湾”命名的这个项目，意思是“在困境期间，希望实现自给自足”。在这个过程中，笔记本电脑、智慧屏和家居智能等完全不受美国影响的产品，就被纳入“南泥湾”项目。

华为人发扬“南泥湾精神”，艰苦奋斗，自力更生。2018年，美国制裁华为前一年，华为营收7212亿元，而美国制裁华为后的2019年，华为营收8588亿元，2020年，华为营收8914亿元。

美国的制裁没有压垮华为，在以华为创始人任正非为首的所有华为人的努力下，华为公司仍然提升了公司销售业绩，也让华为公司更加坚定走技术创新的发展之路，危机为华为公司注入了新的发展机遇。

以古为镜，可以知兴替；以人为镜，可以明得失。我们所做的任何事，都可以从历史书和别人的生活中看到影子。既然知道了事情的发展趋势，就可以避开前面所遇到的坑。

有些人一提到危机就觉得自己掉到万丈深渊，就绝望、放弃。其实当你意识到危机随时随地存在于我们生命中每时每刻的时候，你就会觉得危机其实也并不是那么可怕。作为一个生命体或者一个组织，既然存活到现在就足以证明我们有足够的能力去应对危机，毕竟在我们以前的生活里已经绕过或者说是成功地解决过太多的危机。危机并不可怕，我们应该树立危机思维，化悲为喜，在危机中寻找转机，从而提升自己的危机应对能力和综合竞争力。

总的来说，危机思维有两层含义：一是我们应该具有危机意识，时时保持警惕，具备未雨绸缪的前瞻力，居安思危；二是当危机来临时，要在危险中寻求机遇，所谓福兮祸所伏、祸兮福所倚，福祸不单至，危险中暗藏机遇，机遇中潜伏着危险。

第十七章

给自己一个悬崖——激发最大潜能的绝境思维

大自然赋予每个人一种神秘的力量，在危急时刻往往能迸发出巨大的潜力。

给自己一个悬崖，去激发这种超常规的力量吧！

第一节 绝境爆发力

有一位日本妇女，趁着自己三岁的小孩睡觉时出去买东西，走到楼下的时候遇到了熟人，于是就闲聊了几句。

独自在家睡觉的小孩醒来后找不到妈妈，看到妈妈在楼下和别人聊天，就爬上阳台喊妈妈，一不小心，小孩一失足从五楼阳台上坠落下来。

就在这生死瞬间，这位母亲飞奔至楼下，奇迹般地接住了自己的孩子。这一事件在日本受到了极大的关注。

按常理来说，三岁左右的小孩体重大约十五公斤，从五楼掉下来，在重力加速度的作用下，到达地面时的冲击力绝非常人所能承受，更何况这个人离落地点还有一点距离而且又是一位女性。

后来还有人让这位妈妈重新模拟了一下当时的情境，但发现她根本无法在规定的时间到达落地点，更不用说能接住高空落下的重物了。

于是，这些人又专门找了一些大力士和短跑运动员做了一个模拟实验，结果令人更为惊讶，即便是短跑运动员都无法在那么短的时间内赶到落地点，大力士也无法接住从五楼坠下的十五公斤重物。

在绝境中，这位妈妈爆发出了惊人的速度和力量。

人的潜能犹如一座待开发的金矿，蕴藏着无穷的能量，我们每个人都有这样一座能量金矿。但是，由于各种原因，人们的潜能并没有得到充分的释放。潜能是大自然赋予的宝藏，却又往往被人们忽视。无数事实和许多专家的研究成果告诉我们：每个人身上都有巨大的潜能还没有开发出来。

楚汉相争时，韩信率军在井陉口与赵军对峙。驻守在井陉口的是赵军大将陈馀，他手下的谋士李左车分析了当时的形势，主张一面堵住井陉口，一面派兵抄小路切断汉军的后勤供给，韩信没有后援，一定会败走。但是陈馀自以为有兵力上的优势，坚持要与汉军正面作战。

韩信得知这一情况，亲自率领队伍在距井陉口三十余里的地方安营扎寨。他派一万军队故意背靠河水，排成一字阵势引诱赵军；同时又派两千轻骑兵，每人拿一面汉军旗帜，连夜绕到井陉口山背后，待第二天汉军和赵军展开激战，趁赵军军营空虚的时候，让两千汉军突袭赵营，拔掉赵军旗帜，换上汉军的旗帜。

赵军探马探知汉军背水扎营，后退无路，马上禀报了赵王。赵王闻报，便嘲笑韩信犯了兵家大忌，竟将军队置于死地。

天亮以后，韩信布置完毕，开始从井陉口击鼓出击，赵王与陈馀率领赵军全面出击，两军厮杀在一起。这边战斗正酣，那边两千轻骑兵看到赵军留下一座空营，就迅速闯入赵营，拔掉赵军的旗帜，全部插上了汉军的旗帜。

战场上，韩信见难以速战速决，便率领汉军佯装败退，一直退到河边的阵地，与河边的一万军队会合。赵军追杀汉军来到河边，原想把汉军赶进河里。他们怎么也没有想到，此时的汉军后退无路，反而个个以一当十，奋勇拼杀，把赵军打得大败。

赵军见汉军势不可当，就想撤回赵营，却发现营中到处飘扬着汉军的旗帜。他们看到汉军占了自己的大本营，顷刻间，赵军军心大乱，溃不成军。混乱之中，赵王被擒，赵军数员大将被杀，李左车也被汉军俘获。

韩信看到军士押着李左车向自己走来，快步向前，亲自为他松绑，把他奉为上宾。

李左车问韩信："为什么要背水结阵？"

韩信解释说："只有把汉军置于死地，他们才会为求生而拼命。兵书上说'置之死地而后生'就是这个道理。"

这就是著名的"背水一战"典故，蕴含了将自己陷之死地而后生，置之亡地而后存的绝境思维。事先断绝退路，将自己置于绝境，这样才能下决心、坚定目标，从而激发出所有人的潜能并取得成功。

人之所以有平庸与伟大之分，并不是他们的天赋的高低，而是因为在逆境乃至绝境中，有的人失去信心选择放弃，而有的人坚定信念、不屈不挠，充分地挖掘自身潜能去完成自己的目标，从而成就非凡人生。在绝境中退则一无所有，前面的所有努力都化为泡影，进则海阔天空、一片坦途。

类似日本那位妈妈在极端环境下，身体突然爆发出超常规的能量称之为绝境爆发力，是自然界生物都具有的一种神秘力量，科学研究证明了这一现象。

从生物学的角度解释为：遇到危险时，人的交感神经会兴奋，体内的肾上腺皮质系统会迅速地大量分泌肾上腺激素，这是一种起兴奋作用的激素，能激发起一连串的生物反应，如血压、血糖升高，呼吸加速，心跳加快，肌肉紧张，血液中的氧供应增加，这些反应都能使人瞬间迸发出巨大的能量。

从化学的角度解释：生命的一切活动都离不开能量，生物体中的能量是腺嘌呤核苷三磷酸，一切生命活动最直接的能量来源于此，但是它无法储存，而是随产生随用，能量储存在葡萄糖里，所以生物反应的分子机制造成了细胞中的葡萄糖加速“燃烧”，短时间内迅速通过这个化学反应释放大量的腺嘌呤核苷三磷酸，然后被血液输送到最需要的地方，表现为力气突然增大了很多。

一句话概括：葡萄糖的生物氧化反应这一微观的化学反应的加速造成了宏观的生物学效应。

每个人的生活都不可能一帆风顺，其中有顺境、有逆境、有困境，更有绝境，我们要树立在顺境中不懈怠、在逆境中不抱怨、在困境中不放弃、在绝境中求重生的信念，时刻警醒自己：放弃则一无所有，坚守方能拨云见日。

第二节
世上本来就没有绝境只有绝望

在第二次世界大战期间，德国纳粹把一个美国兵抓起来，将他的眼睛蒙住，绑在一个手术台上，然后告诉他：我将要拿刀把你手腕割破，让你的血流光，然后我要做你的死亡记录。

美军俘虏非常害怕，于是他交代完遗嘱之后开始准备迎接死亡的到来，这时德国纳粹只是拿了一个冰块在他手腕上轻轻划了一下，并没有流出血来，接着把一个水袋挂在天花板上，下面接了一个水桶，于是房间内只能听到滴答、滴答的声音，美军俘虏以为血在滴，非常害怕，过了10分钟之后，他的嘴唇开始发白、脸色开始发青，过了30分钟之后，他的呼吸开始急促，过了45分钟，这个美军俘虏死了。

后来医生鉴定，他没有任何外伤，在毫发无伤的情况之下，美国士兵却死了。这个美国士兵是怎么死的？在所谓的绝境中产生了绝望的心理，自己把自己吓死了。

古时候有一个富翁，膝下无儿，只有一位长得闭月羞花的千金小姐待字闺中，到了适婚年龄却始终没有找到一个如意郎君。这成为富翁心头大事，想招纳一个有胆有识的上门女婿，以便把自己的女儿和自己的万贯家产交付于他。可苦苦寻觅了很久，遇到的不是贪图荣华富贵就是贪恋女儿姿色之流，富翁非常无奈也很着急。

后来，富翁身边有人献上一条能寻得真正勇谋之士的征婚妙计，富翁听后认为很有道理，于是便命人张贴征婚启事。

城内的适婚有为青年听闻此消息均跃跃欲试，他们既倾慕于小姐的花容月貌又垂涎于富翁的万贯家产。于是，在择婿之日纷纷云集于富翁家想碰碰运气。

富翁对大家公布了比赛方法：家里后花园有个水池，只要谁最先从水池的一面游到对岸便可成为自己的女婿并继承自己的全部财产。

应征者听后都非常兴奋并议论纷纷，这也太简单了，富翁葫芦里到底卖的什么药?

但是当他们到了水池边上，一个个脸上都露出一种恐惧的表情，没有一个敢跳下游泳池。原来水池有十几条鳄鱼正在张牙舞爪。

突然有一位年轻人跳下了水并以极快的速度游到了对岸。富翁看着这个勇敢的小伙子，心中非常钦佩他的胆识，便放心地把自己的女儿和家产交付于他了。

于是这个年轻人很顺利地娶到了富翁的女儿。新婚之夜，妻子问年轻人：“你怎么敢跳到鳄鱼池里？”

年轻人抱怨道：“其实我也不敢跳下去，不知道是谁把我推了下去，我以前都不知道自己游泳能这么快。好险，差点儿被鳄鱼吃掉。”

大家听了这个故事一定会捧腹大笑不止，笑过之余我们是否想到这故事在说明一个道理：人人站在池边心中只想着鳄鱼凶猛不敢下水，殊不知一旦跳下去才知道原来人的游泳速度比鳄鱼还快。

世上本没有绝境，只有面对绝境产生绝望的心。再绝望的绝境，都只是一个短暂过程，不逼自己一把，永远不知道自己有多优秀，永远不知道自己的潜能到底有多大。俗话说，井无压力不出油，人无压力轻飘飘，越是到了所谓的绝境时刻，越要狠狠地逼自己一把，发挥出自己最大的潜能。

总而言之，这个世界上，没有翻越不了的高山，没有跨越不过的大河，再大的困难总有解决的办法。面对绝境，回避不是办法，挑战才有出路，积极向上的人在绝境中捕捉飞逝的机遇，消极颓废的人在绝望中走向堕落沉沦。

绝境仅仅是内心的绝望，因此必须从内心的奋斗开始，矢志不渝地前行，物我两忘地努力，经历风雨才能见到彩虹，绝境背后便是和风旭日。

第三节
绝地求生的绝境思维

乔布斯曾经在斯坦福大学的演讲中提到，当他十七岁的时候，读到了一句话：“如果你把每一天都当作生命中最后一天去生活的话，那么有一天你会发现你是正确的。”这句话给他留下了深刻印象。从那时开始，他每天早晨都会对着镜子问自己：“如果今天是我生命中的最后一天，我会不会完成我今天想做的事情呢？”

当答案连续多天是“NO”的时候，他知道自己需要改变某些事情了。“记住你即将死去”成为乔布斯一生中遇到的最重要的箴言。

乔布斯的那句话源于古罗马哲学家马可·奥勒留《沉思录》：道德的完美无缺，在于把每一天当作生命的最后一天来度过。这就是绝境思维的一种表现形式，让自己处于最危险、最紧急的处境当中，从而激发自己的最大潜能去思考、去做事，这样不但会产生极高的效率，也往往能收获最佳结果。

《孙子兵法》中有一句：投之亡地然后存，陷之死地然后生。这句话原本意思是：把士卒投入危地，才能转危为安；陷士卒于死地，才能转死为生。军队陷入危境，然后才能夺取胜利。这同样是一种绝境思维。

这样的思维方式可以映射到生活中的每个角落，不仅仅在真正的战场上才适用，它是一种现实主义的积极生活态度。

很多人在做事之前首先会想到：如果失败了会怎样？我应该留一部分资源和精力来进行善后。这样的想法本身是无可厚非的，这是绝大部分人的一种处事智慧，凡事两手准备，做任何事情之前都会想好退路。但从另外一个方面来讲，我们不将自己置身绝境，一旦我们有了退路，心中也就放松了对目标的坚定性，从而无法破釜沉舟，激发自己最大的潜力。而不成功便成仁的绝境精神，往往让我们对目标的追求更加坚定，因为没有退路，所以要集中所有资源全力以赴，要么达成目标要么一败涂地。

《孙子兵法》里这简简单单的话体现了绝境思维在战场上的重要性，同时也蕴含着丰富的哲学知识和人生理念。我们需要进一步延伸思考：战场在哪里？其实战场就在我们的日常生活中，我们每一次的重大选择都像是没有硝烟的战场，敌人是别人更是自己，我们能做的不是击败别人而是突破自己，做自己战场的主导者。

有一个农夫在山上捡到一只幼鸟，但他并不知道这是一只什么鸟，于是就将它带回家里，给自己年幼的孩子玩耍，孩子将这只小鸟与小鸡放在一个笼子里一起饲养。

慢慢地，小鸟长大了，农夫这才发现，这只小鸟原来是一只鹰。这只鹰和鸡群天天互啄打闹，但是从来没有飞起过。突然有一段时间，村里总有人家里丢鸡，于是人们就怀疑是这只鹰吃了他们家的鸡，强烈要求农夫将这只鹰处死。

可是农夫和儿子养了这只鹰这么长时间已经产生感情，并不舍得杀死它。但迫于村里人的压力，最终决定将这只鹰放生。于是，农夫将鹰带到山间，将其丢在山里，可没过几天这只鹰就蹦蹦跳跳地回来了。后来农夫又尝试了几个地方，但不管将它放到什么地方，它总能找回到家里来。

有人建议将鹰从悬崖上扔下去，于是农夫将鹰带到了一个悬崖边上向深渊里扔去，那只鹰一开始，就像是一块石头掉下悬崖，直直地向下坠落，眼看就要到谷底的时候，鹰突然展开了翅膀，竟然奇迹般地飞了起来，而且越飞越高，越飞越远，再也没有回来。

这个故事告诉我们两个道理：第一，环境可以起到同化作用，让人迷失本性；第二，当处于绝境时能激发其自身的潜力。

我们很多时候不愿意放弃现有的东西，对舒适的生活往往会恋恋不舍，安逸往往让人迷失。因此人们要想实现人生突破，就需要运用绝境思维，适时地给自己一个悬崖，把自己带到悬崖边上，这样才能发现更好的自己。

第十八章

寻找阿喀琉斯之踵——痛点思维

抱怨都是消极的吗？打蛇为什么要打七寸？

每个人都有痛点，抓住痛点就学会了制胜之道。

第一节 抱怨出来的痛点

有一个船夫去给别人送货，他突然发现，迎面有一只小船向自己快速驶来，眼看两只船就要撞上了，但那只船并没有丝毫避让的意思。

“让开，快点让开！”船夫拼命地向对方船只喊道。

但船夫的吼叫完全没用，结果还是撞上了。

他又继续斥责说：“你不会驾船啊，这么宽的河面，你竟然撞到了我的船。”

但是对面的船只没有传出任何应答。等他凑近一看，船夫吃了一惊，小船上空无一人。

船夫式的抱怨似乎已经被人们看成一个典型的反面案例，认为抱怨毫无意义。威尔·鲍温在《不抱怨的世界》中提道：“抱怨的本质，其实是为了获取同情心和注意力，以及避免去做我们不敢做的事。”意思是说抱怨其实是一种逃避，并且期望别人跟自己一起逃避。事实真的如此吗？

我们每个人都有七情六欲，也具有不同的思维方式和表达方式，因此在面对相同的事物时会表现出不同的情绪。对于大多数人来说，抱怨仅仅是一种情绪的宣泄。很多人认为抱怨是你个人的事，跟别人没有任何关系，抱怨无助于任何问题的解决。

不粘锅是我们生活中常见的厨具。很多人都知道，不粘锅之所以不粘，是因为锅上有一层“特氟龙”涂层。其实特氟龙1938年就被人们偶然发现了，但当时并没有引起人们太多的关注，虽然这种物质熔点高，不怕热、不怕水、不怕酸，但是怕磕怕碰，人们觉得在实践中并不容易广泛应用。

1954年的一个清晨，在法国一个工程师家的厨房里传出了妻子的抱怨声：煎蛋老粘锅真是太糟糕了！

妻子的抱怨引起了工程师丈夫的关注，工程师的名字叫格里瓜尔。格里瓜尔一边安慰妻子，一边想着如果有一个不会糊的锅就好了。

格里瓜尔喜欢钓鱼，他曾经在钓鱼过程中遇到一些小麻烦并成功地解决掉。鱼线经常打结令他很苦恼，为了解决这个问题，格里瓜尔买来一些特氟龙，将鱼线泡在里面，结果鱼线变得十分光滑，不再打结。

这时他突然想到了涂在钓鱼线上的“特氟龙”，如果把它涂在煎锅上，效果会怎么样呢？他很快投入特氟龙与锅“合二为一”的研究中，并最终解决了这个问题，将特氟龙和铝制锅完美地结合在一起。于是，世界上第一只不粘锅诞生了。

一个妻子煎蛋的抱怨促成了不粘锅的诞生，很多家庭主妇对擦地板的抱怨催生了蒸汽地板擦的发明，对清理大便的抱怨催生了抽水式马桶的发明……诸如此类发明创新在我们生活中比比皆是，由此看来不是所有的抱怨都是消极和无用的，抱怨间接地推动了科学的进步和技术的发展。松下幸之助曾经说过：利用顾客抱怨创造契机。顾客的抱怨是很严重的警告，诚心诚意去处理顾客抱怨的事，往往又是创造另一个机会的开始。

抱怨是人们生活中常见的一种语言表达行为，其表现形式是表达人的不满、烦恼、责难等情绪。抱怨的心理原因也是各式各样，大致可分为：虚荣型抱怨、推卸型抱怨、挑剔型抱怨、嫉妒型抱怨、痛点型抱怨。

虚荣型抱怨。这种类型的抱怨者大都内心空虚或自卑，想通过自己的炫耀引发人们的关注。我们在餐厅吃饭的时候经常会听到有人抱怨，不是菜品不如某某饭店的，就是口味做得不正宗，总之抱怨的潜台词就是我见过大世面，让在场的人都不能小看他，这就是一种典型的虚荣型抱怨，想通过抱怨得到别人的关注和尊重。

推卸型抱怨。在日常生活中，经常会出现上班迟到的现象，而有些人总是抱怨不是因为路上堵车就是汽车抛锚，从来不说自己出门太晚。这样的抱怨充分暴露了其没有担当、没有责任心的性格，把所有的责任都推给外部因素，从来不从自身角度寻找原因，是一种自负心理。

挑剔型抱怨。这类抱怨者习惯于鸡蛋里面挑骨头，对事物要求苛刻，对任何事、任何人都会有看不惯的地方，不懂得包容。

嫉妒型抱怨。见不得别人比自己好，别人失败了自己幸灾乐祸，别人成功了则会指指点点。人家长得比自己漂亮就会说皮肤有点黑，别人苗条就会说线条比例不好，总之容不得别人比自己好。

痛点型抱怨。这类抱怨者秉持比较中立的态度，对事物或产品做出客观评价，通过抱怨的形式表达出来。

通过上文的几个案例我们不难发现，那些能促进发明创新的抱怨绝大部分都属于痛点型抱怨，因此不是所有的抱怨都是消极的、片面的，我们生活中更应该关注痛点型抱怨，对这样的抱怨进行深入剖析，或许就能得到意想不到的收获。

第二节
精准定位，锁定痛点

阿喀琉斯是古希腊神话中的一个家喻户晓的大英雄，他的父亲是凡人英雄珀琉斯，母亲是海洋女神忒提斯。

阿喀琉斯出生后，夫妇俩对他疼爱有加。忒提斯听过一个关于阿喀琉斯的预言：这个孩子长大后必将战功卓著、青史留名，但命中注定活不到老，年纪轻轻就会死在战场上。忒提斯听后伤心不已。

为了让儿子拥有不死之躯，母亲海洋女神忒提斯将年幼的阿喀琉斯倒提着浸入冥河，接受冥河之水的洗礼，使其身体无法被刀枪所伤。但遗憾的是，由于冥河水流湍急，忒提斯捏住阿喀琉斯的脚后跟不敢松手，脚踵便直接露在水外成为最脆弱的地方。海洋女神忒提斯无意中在阿喀琉斯的身体上留下了唯一一处死穴，因此埋下了祸根，最终逃脱不了命运的魔咒。

长大后的阿喀琉斯体格健壮、英俊潇洒、身手不凡。特洛伊战争爆发后，阿喀琉斯英勇参军，作为希腊军的一员立下了卓越的战功。

阿喀琉斯在战争中英勇无比、所向披靡，所到之处敌人闻风丧胆，杀死了诸多的特洛伊将领和士兵，其中包括特洛伊王子赫克托耳。

特洛伊的另外一个王子帕里斯发现了阿喀琉斯的不死金身，知道凭自己的力量无法战胜阿喀琉斯。为了给哥哥赫克托耳报仇雪恨，多方寻找能杀死阿喀琉斯的办法，最终太阳神阿波罗发现了阿喀琉斯的致命弱点并告诉了帕里斯王子。在太阳神阿波罗的指引下，帕里斯用毒箭射中了阿喀琉斯易伤的脚后跟。

阿喀琉斯被射中后感受到一阵钻心的疼痛，双眼圆睁。他无法继续战斗，但仍然发出低沉的怒吼声，把特洛伊士兵吓得落荒而逃。不久，阿喀琉斯的四肢开始僵硬冰冷，随即轰然倒地，大地随之震颤。

阿喀琉斯的故事被广为流传，后来阿喀琉斯之踵被进一步引申为致命的弱点、要害，也就是痛点的意思。

阿喀琉斯是海洋女神的儿子，不但长相英俊健朗，而且武艺高强，拥有不死之躯，看起来一切都是完美的，即便如此上帝还是在他的身体上留下了一处死穴，成为其唯一的痛点。阿喀琉斯的痛点被敌人发现，敌人充分地避开他的优势集中精力打击痛点，从而将其杀死。

上帝给你开启一扇门必定会关上一扇窗，任何人都不是十全十美的。我们要认真剖析自己的痛点，找到并承认它，这样才能扬长避短。即便是强如阿喀琉斯的神，他的身上都存在着痛点，更何况人呢？

我们生活中的每个人都有痛点，世界上没有痛点的人是不存在的。找准自己的痛点才能给自己更好地定位，并充分发挥自己的最大潜能。

在华为公司，有一个俄罗斯小伙，能让公司花费上千万美金在其家门口建立研发中心，目的就是方便他每天上班不用任何交通工具，只要两腿一走就行。

这小伙子在外人看来是一个表达能力差整天沉迷于电脑的平庸之辈，来了华为以后，他啥也不做，恋爱也不谈，每天就一直盯着电脑敲打。

然而谁也没想到，就是这样一个憨憨的甚至有些木讷的小伙有一天忽然跟任正非说他突破了2G到3G的算法。任正非马上让测试中心检测，结果发现运行速度比当时的通信霸主爱立信要快一倍以上。华为凭借这个优势，迅速地占领了欧洲的市场。

这个俄罗斯小伙的痛点非常明显，不善交流，但亮点也非常突出，那就是对数学的热爱并能专心钻研。华为发现了其痛点与亮点，不惜重金将他安排到最能发挥其特长的位置，从而帮助他为个人也为公司实现了突破。

对于合作，要帮助别人找到痛点，从而发挥其最大潜力，实现共赢。华为公司如果将那位俄罗斯数学天才安排到管理岗位上，可能就不会收获后来的一系列成果，华为公司很好地发现了其痛点并合理绕开，从而挖掘了他自身的数学财富。对于竞争，也要努力寻找对方的痛点，并通过对方的痛点寻找突破口，从而在竞争中获胜。特洛伊王子帕里斯就是发现了阿喀琉斯的痛点，以此为突破口，一举战胜了阿喀琉斯。

第三节
痛点思维就是直击要害

我们都读过我国一篇著名的古典寓言《黔之驴》。让我们来重新回顾一下这个经典的故事。

贵州这个地方本来没有驴子，有一个喜欢多事的人用船运载一头驴进入贵州，运到之后却没有什么用处，就把它放到山下。老虎第一次看到驴子，觉得它是个庞然大物，把它当作神奇的东西。于是躲藏在树林里偷偷观察它，后来老虎渐渐地出来接近它，十分小心谨慎，想知道它到底是什么东西。

有一天，驴放声长吼，老虎非常害怕，远远地避开，认为驴将要把自己吃掉，十分恐惧。然而随着老虎多次反复地观察，觉得驴子并没有什么特别的本领。老虎也渐渐地习惯了驴的叫声，又慢慢靠近驴，并在驴的身边徘徊，但始终不敢扑咬驴子。驴子也没什么太大的反映。

老虎慢慢地更加靠近驴子，随意地戏弄它，碰撞、倚靠、冲撞、冒犯它，驴禁不住发怒了，就用蹄子踢老虎。老虎于是高兴起来，盘算这件事。心想："驴子本领不过如此罢了！"

于是跳起来大吼一声，咬断了驴子的喉咙，吃光了它的肉。

通常我们会认为这个寓言是告诉我们有些人身居高位看起来风光无限却无才无德、外强中干，启示人们要敢于同貌似强大的敌人作斗争。

如果我们用痛点的思维方式去看待这个故事就会感悟到不一

样的精彩。老虎为什么会断其喉一击致命？老虎看到这个庞然大物并没有被吓得远离它，而是经过仔细地观察和分析，发现了驴子不会撕咬的痛点，从而抓住驴子的要害，实现一击致命。

我们来详细分析一下老虎实现攻击的步骤和条件。第一，老虎不能害怕，要是怕了就无法达成自己的目标。第二，老虎要觉得自己能战胜它，如果不能战胜则得不偿失。第三，老虎需要坚定攻击的信念。第四，老虎需要决定采用最简单有效的攻击方式。第五，实施攻击，咬死食肉。

很多人看到这里会不由暗暗发笑，老虎有如此缜密的逻辑思维能力吗？暂且不去讨论老虎的思维能力，仅仅从做事的基本流程来说，以上所有这些步骤都离不开最为关键的一个环节，那就是老虎要分析出驴子虽然大但不能撕咬，这就是驴子的痛点。只要有了这一判断，老虎才能发挥自己的优势实现一击制胜。

自然界就是斗争与反斗争的过程，任何一种动物如果将自己的痛点暴露于敌人面前，必定会遭遇灭顶之灾。只有充分了解自己以及对方的痛点，发挥自己的长处，做到扬长避短，这样才能在自然界生存。变色龙虽然弱小，但也没有被大自然所淘汰，就是很好地做到了知己知彼、扬长避短。

秋收起义后，毛泽东于1928年1月率领部队攻克遂川县城，并在遂川县城召开了遂川、万安两县县委联席会议。

会上，毛泽东对当前的敌我形势进行分析后，提出了“敌来我退，敌驻我扰，敌退我追”的“十二字诀”。在毛泽东与朱德会师井冈山后，经过游击战争的实践，将“十二字诀”发展为“十六字诀”，即“敌进我退，敌驻我扰，敌疲我打，敌退我追”。这“十六字诀”成为日后在抗日战争、解放战争中我军游击战的主要作战指导纲领。

这种在敌强我弱条件下广泛开展游击作战的指导方针就是痛点思维的具体体现。敌进我退：在自己本身实力处于弱势的痛点之下，对方进攻时士气正旺，不与敌人硬碰硬，充分保存实力，才能伺机发动攻势。敌驻我扰：游击战的精髓是灵活，我们都知道人在休息的时候最大的痛点便是被打扰，在这个时候去扰乱敌人可以达到事半功倍的效果，因而形成有利之势。敌疲我打：敌人疲劳的时候痛点是反抗能力差，这个时候集中优势兵力，主动进攻，才能以最小的代价歼灭敌人。敌退我追：敌人撤退的时候，其痛点是士气低落，在这个时候进攻便能挫败敌人的锐气，积小胜为大胜。

简单的十六字指导方针，不仅体现了游击战的战术精神，更是心理战的谋略智慧。

我们生活在一个竞争激烈的时代，国与国之间的竞争，企业与企业之间的竞争，个人与个人之间的竞争，凡是竞争无不充满硝烟，都是残酷和无情的。要想在竞争中立于不败之地，就要清楚地知道自己的痛点是什么，优势是什么，竞争对手的痛点是什么，优势是什么，了解了这些，才能做出综合分析，不断提升自己，通过对手的痛点结合自身优势寻求突破口，知己知彼方可扬长避短。俗话说打蛇打七寸，只有抓住对方的痛点，才能实现精准打击，做到直击要害、百战不殆。

第十九章

思考力和执行力的战争——知行思维

知而不行，水中之月，镜中之花；行而不知，拉磨之驴，无头之蝇。知行合一，方得始终。

第一节
缺乏思考力的傀儡人生

春秋战国时期，鲁国有一个人拿着一根长长的竿子想进到城里。当他走到城门口时却犯起了愁，由于城门太窄，他将竿子横着拿根本就进不去。于是这个人就将竿子竖起来拿，可是城门太矮，还是进不去。

这个人垂头丧气地站在城门口，不知道怎么才能进到城里。

正在他无计可施的时候，有个老者走过来问道："年轻人，为何如此沮丧啊？"

"我带了一根竿子，可是竿子太长，城门太小，我怎么也进不去，真不知道如何是好。"这个人回答道。

"你这个年轻人，真是可笑，"老者哈哈笑道，"我虽然不是圣贤之人，但我见到的事情多了，你按照我说的话去做，肯定能进去。"

"那我应该怎样才能进去呢？"年轻人追问道。

老者说："你为什么不找锯子将长竿截断后再进入城门呢？"

那个鲁国人没有其他办法只好按照老人的办法将长竿截断才进入城内。

这就是执竿进城的典故，用来形容做事死板，缺乏思考能力，不懂得变通。很多人都认为这仅仅是一则笑话，现实生活中怎么会有这么傻的人？持有这种想法的人就大错特错了。不管是历史上还是在我们的日常生活中，缺乏独立思考能力的例子比比皆是、不胜枚举。

当今社会已经处于高速发展的互联网时代，随着自媒体的崛起，人们每天接触的信息量极为庞大，质量参差不齐，如果没有独立的思考能力就很容易被误导，甚至误入歧途。某伪养生专家曾经让多少人迷恋上茄子和绿豆，这是多么的无知。一些盲目崇拜、非理性追星的行为又是多么的可悲。

缺乏思考力是一件多么可怕的事情，那思考力是什么呢？思考力就是对个体接收的信息进行甄别、加工和分析的能力。

我们每天接收到大量的信息，如果不进行甄别就会无所适从，那我们就如同行尸走肉，失去了灵魂。

具备独立思考的能力，就会让人更加理性和睿智，能帮助人们树立正确的价值观、人生观，不再人云亦云、随波逐流。很多人遇事并不认真思考，仅仅是看别人怎么做就跟着怎么做，这是一种缺乏自我认知的盲从。只有那些能够深度思考、独立思考、理性思考的人，才会做出自己的判断和选择，才会有自己的观点和看法，才能成为自己的主人，继而激发出自己无穷的创造力和潜力。

总的来说，我们所有的认知都应该建立在自己充分思考的基础之上，而不能仅仅凭借道听途说或表面现象而得出结论，没有经过认真思考就不能全盘接受更不能全盘否定。通过思考，学会批判性接受，不带个人偏见，尽可能地做到足够理性，避免执竿入城式的无知在自己身上发生。

第二节
执行力危机

树林里有一只寒号鸟和一只喜鹊。

寒号鸟全身长满了绚丽的羽毛，十分美丽。寒号鸟骄傲得不得了，觉得自己是天底下最漂亮的鸟，甚至连凤凰也不能同自己相比。

寒号鸟整天摇晃着羽毛，到处走来走去，还嘲笑喜鹊："你长得真难看！"

秋天到了，天气渐渐地变凉，树林里鸟儿们都开始了各自的忙碌。有的结伴飞到南方比较温暖的地方过冬；喜鹊和另外一些鸟儿就整天辛勤忙碌修理窝巢，做好过冬的准备。

只有寒号鸟，既没有飞到南方去的本领，又不愿意辛勤劳动，天天不是到处炫耀自己漂亮的羽毛就是睡觉。

“冬天就要来了，赶紧给自己做个窝吧！”喜鹊劝道。

寒号鸟不听，对喜鹊说：“傻喜鹊，不要吵，我要睡觉了。”

冬天到了，天冷了。喜鹊住在温暖的窝里。寒号鸟冻得直打哆嗦，不停地叫着：“哆啰啰，哆啰啰，寒风冻死我，明天就做窝。”

第二天，风停了，太阳暖暖的。喜鹊劝寒号鸟：“趁着天气好，快搭窝吧。”

寒号鸟还是不听，伸伸懒腰，答道：“傻喜鹊，天气这么好，晚上不会冷的，明天再做窝。”

寒号鸟就这样一天天地混着，过一天是一天，总是想着明天再做窝。最后，它还是没能熬过寒冷的冬天，冻死了。而喜鹊则是在温暖的窝里过了一年又一年。

故事中的寒号鸟因为一次又一次懒惰而缺乏执行力，在寒冬来临前不给自己筑巢，导致最终冻死在寒夜里。故事告诉我们行动远比空想重要，如果没有坚定的执行能力，再多的梦想和愿景也只能是空想。缺乏执行力，就没有真正意义上的竞争力。

“不积跬步，无以至千里；不积小流，无以成江海。”这句名言告诉我们成功是一个不断践行的过程，也说明了执行力的重要性。执行力很重要，这些道理每个人都懂，但往往很多人却总是无法很好地执行，即便他们的计划和目标看起来非常完美。

“我要早起跑步！”“我要坚持阅读！”“我要戒烟！”“我要减肥！”……现实中，我们平常总是会做很多美好的规划，似乎觉得做完这些规划就已经成功了一半。可现实往往非常残酷，一路下来就会发现，我们的绝大部分规划都没有完成。屡战屡败，屡败屡战，逐渐形成了一个死循环，寒号鸟式的悲剧一直在我们身边上演。

为什么我们总是不能按自己计划来执行？为什么明明我们的计划执行不到位，还会继续满怀信心地写下一条又一条计划？我们又该如何提升自己的执行力呢？

目标设置要科学并循序渐进。对于一个身高170厘米、体重200斤的肥胖者来说，要想实现减肥的目标，如果制订两个月减重四十斤，难度显然是很大的。这个目标虽说不是不可能完成，但有点好高骛远，执行起来难度很大。如果将时间改成一年，其可执行的难度将会大大降低。过于苛刻的目标会给执行带来极大的阻力，循序渐进的目标可执行性更强。

目标要可拆解、可量化。要想实现自己的减肥目标，就需要将一年减重四十斤进行进一步的拆解，将大目标变成小目标，小目标往往让人更容易接受，譬如将一年减肥四十斤的目标拆解为三个阶段：第一个阶段四个月，减肥目标20斤；第二个阶段四个月，减肥目标12斤；第三个阶段四个月，减肥目标8斤。然后将每个阶段进一步拆解，结合自己的实际情况将目标拆解成每月甚至每周、每天。这样在执行过程中每个小阶段都能看到自己努力的成果，增加了自己的成就感，这是一种正激励，也就更能提升执行的动力。

目标需要可行的方案作为支撑。我们都知道，减肥的效果是体重的减少，但这些目标都需要有相应的手段和措施来进行支撑。减肥的科学依据就是能量守恒，每天的摄入大于消耗，热量就在体内聚集，形成肥胖。如果每天的消耗大于摄入，就能达到减肥的目的。因此，有三种基本的方式可以实现减肥的目标。第一种，摄入不变，增加消耗。第二种，消耗不变，降低摄入。第三种，降低摄入，增加消耗。很显然，第三种方案的效果是最优的。通过运动来增加消耗，通过改变饮食结构和食量来控制摄入。这就需要制订详细的饮食和运动方案。

执行需要适当的奖励。每个人都是有惰性的，不断地坚持需要极强的韧性，适当的奖励往往可以将惰性消灭掉。譬如在达成一些目标后，奖励自己一双跑步鞋或者是一顿美味的海鲜，这些都可以达到奖励的效果，从而激励自己更好地完成下一个目标。

总之，每个人心中都有一个懒惰的恶魔，也有一个理性的天使。天使在不断地提醒你：别犯懒，努力吧，奋斗吧。而恶魔则会喋喋不休：放弃吧，休息吧，享受吧。人生就是内心天使与恶魔不断斗争的过程。执行除了需要强大的自制力之外，还需要合理地制定目标并适当地对自己进行奖励，最终实现天使打败恶魔的目的。

第三节
缺一不可的思考与执行——知行思维

李明在某公司公关部工作，是一名普通的职员，进入公司一年多，一直默默无闻。

有一天，领导要去参加应酬，由于公关部经理生病休假，于是领导就叫上了李明跟他一起去参加饭局。

在饭局上，气氛一直不错，领导跟对方聊得比较投机。席间，领导突然叫李明出去帮着买一包烟来。

李明心里犯了嘀咕，这么高档的饭店肯定会有烟啊，领导也肯定不会嫌贵，那是为什么？李明心里虽然满是疑惑，但还是马上应了下来，并瞟了一眼桌上领导和客户抽的烟，他发现他们抽的不是同一个牌子的香烟。出门前李明顺便把服务员也叫了出去。

走出包间后，李明还是各种困惑：饭店里明明有烟，领导干吗还要自己出去买？领导和客户抽的不是同一种烟，我应该买哪种？买领导喜欢抽的客户会不舒服，而买客户喜欢抽的领导也会有想法。

李明边走边思考，很快就明白了领导的意思，这时他暗自庆幸，当时出门的时候把服务员一并喊出去是多么明智的举动。

虽然李明想明白了领导未必是没有烟抽了，但他还是买了两包不同的烟，一包是给客户的，一包是给老总的。买完烟后，李明又犯了难，自己是不是应该晚会回去？但万一领导真的没有烟抽了，而饭店又没有他喜欢的品牌怎么办？李明灵机一动，烟买回来后，他并没有走进房间，而是把烟交给了服务员，并告诉服务员，转告领导自己去卫生间了，要等一段时间才会回来。

大约过了一个多小时，李明收到了领导让他回去的微信。他暗自庆幸："我果然没有猜错，领导就是有事要谈，不方便让外人在场。"

进入房间，李明看到气氛非常融洽，显然是双方事情谈得比较愉快。

吃完饭，领导和客户都没有要马上离开的意思，这时领导又让李明出去帮忙买两瓶水。

李明马上答应，拿着自己的外套和包走出包间。通过买烟的事，他似乎开了窍，这一次他马上反应过来了，很明显，饭店肯定是有水的，领导之所以让自己去买水，是因为领导和客户接下来会有别的活动，不便让他参加。

于是，李明结完账给领导发微信说他喝得有点多，不太舒服，先回家休息了。发完微信就打车回家了。

果然没出李明的预料，领导看到他回家的微信，很快回复"好的"，并加了一个握手的表情。

从那天之后，领导的大部分应酬都会带上李明，并很快将他提拔到公关部副经理的位置。

读完这个案例，有的人会认为李明的思考能力极强，思考力让他在事件应对中游刃有余，这表面上看起来似乎没有什么异议，但李明的做法充分融合了思考力和执行力，是两者的有机结合。

李明首先表现出了极强的执行力，坚决服从领导的安排，而在执行的过程中经过自己深入的思考，准确把握了领导的真实意图，从而达到了理想的效果。可能有人会有疑问，在领导下达让李明买水的指令后，他并没有执行，这是缺乏执行力的表现。而这恰恰是李明的过人之处，我们首先需要了解，领导真的需要他外出买水吗？实则不然，领导只是希望他离开而已，李明通过自己的深入分析和思考，准确地领会了领导的意思，表面上是没有执行领导的指令，实则是不折不扣地在执行领导内心的要求。

思考力和执行力哪个更重要一直是人们争论的焦点。重视思考力的人认为，思考力是决定方向的，是教人做正确的事，没有方向就会迷失，执行力就变成了无用功。而重视执行力的人则认为，任何多余的思考都是没有意义的，只要按指令去做就不会出错。

其实这两个观点都是片面的，光有执行力没有思考力，就如同被蒙上眼睛拉磨的毛驴，只是一个工具而已，没有任何的主观能动性，不能充分发挥个人智慧，最终达到的效果未必圆满。而光有思考力不具备执行力的话，目标就会成为空中楼阁，永远不可能实现。

由此看来，思考是为了执行的深度和广度，让执行更有针对性、效率更高；执行是将思考出来的成果实现客观上的转化。两者相互促进、相互融合，缺一不可。

现实中我们经常会制订各种各样的计划与目标，心中充满各种美好的向往，想象着收获累累硕果。没有好的执行能力，所有的这些只能是梦想、空想。

知行合一是由明代思想家王阳明提出来的，即认识事物的道理与实行其事，是密不可分的。知是指内心的觉知，对事物的认识；行是指人的实际行为。这就是知行思维的核心思想。

知为内心认知，是思考力的作用结果；行是指具体行为，是执行力的体现。知指导行，行遵从知，所以片面地割裂思考力和执行力都是不恰当的，知行合一才是人们行事之精髓。

第二十章

时移世易的情境思维

一瓶水十块钱你会买吗？一块钱你会买吗？为什么淮南为橘、淮北为枳？愚公真的能移山吗？

情境思维就是随着情境的变化思维方式也随之发生改变，是一种变通的智慧。

第一节 一瓶水的价值

我们先来思考一个问题：一瓶水值多少钱？

这个问题或许有点荒唐，让很多人无法回答。因为缺少很多条件设定，什么样的水？什么品牌？什么包装？等等，这些因素都会影响价格。

那我们进一步设定，一瓶普通的矿泉水，普通塑料瓶包装，刚生产上市的普通品牌。

面对这样的设定有人或许会给出答案，当然不同的人对这瓶水价值的认定是不一样的，有的人认为值一块钱，有的人认为值两块钱，他们各有各的道理。

那我们继续进行思考，一瓶水的价格是由什么决定的？为什么同样的一瓶水在超市卖一块钱，到了餐馆就变成了三块，而在五星级酒店就需要十块钱甚至更多？

价格到底是由什么决定的？

经济学的解释是商品的价格是由商品的价值决定，会受到供求关系的影响。

这似乎可以解释一瓶水为什么会卖出不同的价格，但似乎又完全解释不了。对于沙漠里濒临死亡的人来说，一瓶水值多少钱？价值都能挽救一个人的生命，而供求关系也是一样的，那就是这个人急需一瓶水。百万富翁愿意付出一百万，穷光蛋愿意付出十元。

我们跳出经济学的维度来进一步探讨一瓶水的价值，要说一瓶水到底值多少钱，就是你愿意为这一瓶水付出多少。

对于不同的人有不同的认定标准，对于普通人来说愿意为一瓶水付出一块钱，对于富人来说可能愿意付出三块钱。

相同的人在不同的情境中也有不同的认定标准。同样是一个百万富翁，平时可能愿意付出三块钱，而当他在旅途中口渴时可能愿意付出十块钱，如果是在沙漠中濒临死亡的时候，他可能愿意付出一百万。

同样是一瓶矿泉水，在不同的情境下其价值发生了巨大的变化。同样的事情也经常以另外一种方式发生。

2007年一个寒冷的早上，华盛顿特区的一个地铁站里，一位男子用一把小提琴演奏了6首巴赫的作品，共演奏了45分钟左右。这段时间恰好是交通高峰期，上千人从他身旁经过赶去上班。

在这个过程中，最初大约3分钟之后，有一位中年男子注意到了小提琴家，他放慢了脚步，甚至停了几秒听了一下，然后急匆匆地继续赶路了。

大约4分钟之后，小提琴家收到了他的第一美元。一位女士把这一美元丢到帽子里，她没有停留，继续往前走。

6分钟时，一位小伙子倚靠在墙上倾听他演奏，然后看看手表，就又开始往前走。

10分钟时，一位3岁的小男孩停了下来，但他妈妈使劲拉扯着他匆匆忙忙地离去。小男孩停下来又看了一眼小提琴手，但他妈妈使劲地推他，小男孩只好继续往前走，但不停地回头看。其他几个小孩子也是这样，被他们的父母硬拉着快速离开。

到了45分钟时，大约有20人给了钱，但只有6个人停下来听了一会儿。小提琴家总共收到了32美元。

没有人知道，这位在地铁里卖艺的小提琴手叫约夏·贝尔，世界上最伟大的音乐家之一。他演奏的是一首世界上最复杂的作品，用的是一把价值350万美元的小提琴。

此消息传到欧洲，欧洲的音乐家们彻底沸腾了，他们认为是美国人不懂得欣赏音乐，缺乏音乐素养，他们自信地认为在欧洲肯定会有不同的效果。

于是，欧洲的音乐家们选择了一位非常漂亮的女性小提琴家塔丝敏·利特尔。某日的下班高峰期在伦敦滑铁卢地铁站开始了她的表演。

欧洲音乐家们期待着在伦敦会得到与美国截然不同的测试效

果，然而他们却彻底失望了。

实验结果证明，驻足停留的一共有17人，停留在现场超过一分钟的观众只有8人，最终的收入也仅仅是28英镑。

同样的一瓶水，在不同的情境下价值是不一样的；同样的音乐家，同样是价值不菲的乐器，在地铁站和音乐厅所产生的效果也是完全不一样的。

所谓时移世易，我们总会身处不同的情境之中，身边的环境也随时发生着巨大的变化，我们思考问题的方式和方法也要随着环境的变化而改变。很多人在求学时期都会有这样的体验：遇到自己喜欢的老师就会变成学霸，遇到不喜欢的老师瞬间成学渣。为什么会有这样的变化？情境不同，人们的心态不一样，这就会体现于行为上，产生的效果也就截然不同。所谓淮南为橘、淮北为枳就是这个道理。

第二节
唯变不变的情境思维

孟子是战国时期著名哲学家、思想家、教育家，是孔子之后儒家学派的代表人物，被后世尊称“亚圣”。

在孟子很小的时候，他的父亲就去世了，母亲守节没有改嫁，一个人带着孟子生活。

母亲带着孟子住的地方旁边有块墓地，孟子经常会看到死人下葬时的葬礼，于是就会和邻居的小孩一起学着大人跪拜、哭号的样子，玩起办理丧事的游戏。

孟子的妈妈看到了，就皱起眉头：不行，我不能让我的孩子住在这里了！

于是，孟子的妈妈就带着孟子搬到市集旁边去住。到了市集，孟子又和邻居的小孩，学起商人做生意的样子。一会儿鞠躬欢迎客人，一会儿招待客人，一会儿和客人讨价还价，学得有模有样。

孟子的妈妈知道了，又皱皱眉头：这个地方也不适合我的孩子居住！

于是，他们又搬家了。

这一次，他们搬到了学校附近。孟子开始变得守秩序、懂礼貌、喜欢读书。这个时候，孟子的妈妈很满意地点着头说：这才是我儿子应该住的地方呀！

孟母三迁的故事充分说明了在不同的情境下，人们的行为方式是会发生改变的，而行为方式的改变归根结底是环境对人的影响。因此说，环境能对人们的思维方式产生巨大的影响。从小生活在羊群里的狼，长大后也会失去嗜血的本性。

情境思维是指人们在不同的情境下应该用不同的思维方式去思考问题，而不是一直沿用固有的思维方式。幼儿园的老师需要用幼儿的方式去跟孩子们沟通，而养老院的护工们则需要以老年人的思维方式进行交流。因此，所谓的情境思维实际上就要求我们在不同的情境下采用不同的思维方式，是一种变化的思维模式。

希斯·莱杰是澳大利亚的著名演员。他是一个极其认真的人，对待每一个角色都会用心揣摩。

据说当时他为了能够扮演好小丑，看了很多关于小丑的漫画，并且把自己关在房间中整整一个月。在这一个月里，他不断模仿小丑的癫狂笑声、疯疯癫癫的动作等行为，最终角色大获成功。

可是他本人却受不了这样的压力，始终走不出小丑角色的困扰，之后患上了抑郁症。后来不堪抑郁症的困扰而服药自杀，当时他年仅29岁。一个鲜活的生命就这样没了，不禁让人感叹不已。

毋庸讳言，希斯·莱杰是一位十分优秀的演员，他全身心投入到小丑角色的塑造，演艺事业登峰造极。但他拍完戏仍然走不出戏里的情境，导致抑郁自杀。这是一种典型的思维束缚，是一起不懂得情境变换需要改变自己的思维模式而酿造的惨剧。

变色龙是我们都知道的一种爬行类动物，其体积小、爬行速度非常缓慢，随时面临着其他动物的威胁。但它却有一项特殊的本领，让其在自然界得以生存，那就是变色。变色龙的肤色通常为绿色，但会随着背景、温度和心情的变化而改变。以此来保护自己，免遭袭击，使自己生存下来。

情境思维就是要求我们如同变色龙一样，懂得识别周边的情境因素，从而转变思维模式，以匹配环境因素。我们常说的与时俱进、识时务者为俊杰等都是这个道理。在发现自己所处的环境发生变化时，要勇于决断，大胆求新，不要一味地执迷不悟，否则可能会离我们所追求的目标渐行渐远。

认识到情境变化因素，就能够认清客观形势或时代潮流，才能随着形势和潮流而变化，因时制宜，因地制宜，顺势而为。纵观古今中外，只有懂得应变的人才能成为时代的俊杰。反之，如果抱持固有思维模式不知变通，逆势而为，盲干蛮干，其结果只能是被时代的车轮碾压，从而一事无成。

情境思维就是随着情境的变化思维方式也随之发生改变，是一种变通的智慧。《易经》里提到：穷则变，变则通，通则久。意思是说当事物发生变化的时候，要想到加以变化，以求通达，通达了才能长久。愚公移山是神话，不懂得变通的愚公移不了太行、王屋二山，反会将自己的子子孙孙困于山下。如果有人想做现实生活中的愚公，那只能是作茧自缚。

第二十一章

创新思维不是一种思维方式

创新难吗？为什么创新一直被神话？创新的本质是什么？创新思维是方法论吗？如何实现创新？

对于创新来说，方法就是新的世界，最重要的不是知识，而是思路。

——郎加明

第一节 被人们过度神话的创新

创新已经成为现代社会中最常见的词语

之一，凡事不离创新，似乎已成为万金油式的时尚名词。创新被渲染得神秘、崇高而玄妙。更有很多人认为创新是智者的专利，一般人可望而不可即。

事实真的如此吗？其实不然，创新并非传说中的那么高深玄妙、高不可攀，创新的理念一直被很多人神话。那些故意神话创新的说法往往违背了人类的创新本质，其实创新并非玄学。作为人类，每个人都拥有创新的潜能，就好像每个人都拥有走路、运动的能力一样，尽管每个人的运动天赋会有差异，但这个基本功能是所有人都具备的，创新是人类所固有的自然属性。

篮球运动是一个名叫詹姆斯·奈史密斯的美国人发明的，这个人并不是一个发明家，而是一个体育老师。由于当地盛产桃子，这里的儿童又非常喜欢玩用球投入桃子筐的游戏，奈史密斯受此启发，博采足球、曲棍球等其他球类项目的特点，创编了篮球运动。

最开始，篮板上钉的是真正的篮子。每当球投进的时候，就有一个专门的人踩在梯子上把球拿出来。为此，比赛不得不断断续续地进行，缺少激烈紧张的气氛。为了让比赛更顺畅，人们想了很多取球的办法，都不太理想。有位发明家甚至制造了一种机器，在下面一拉就能把球弹出来，不过这种方法仍没能让篮球比赛流畅多少。

有一天，一位父亲带着他的儿子来看篮球比赛。小男孩看到大人们一次次不辞劳苦地取球，不由大惑不解地问道：为什么不把篮筐的底去掉呢？一语惊醒梦中人，大人们如梦初醒，于是才有了今天我们看到的篮网样式。

去掉篮筐的底，一个非常微小的改变就能实现一项运动的巨大突破。其实创新就是这么简单，但是大人们陷入思维的困境，只想着如何从篮子里往外取球，让这么简单的一个问题困扰了人们如此多年。因此，创新并非玄之又玄的东西，只是思维的一个小小跳跃而已，甚至有很多创新并不是人们刻意而为之，而是一种无心插柳柳成荫的无意之举。

可乐是由美国一位名叫约翰·彭伯顿的药剂师发明的。他期望创造出一种能提神、解乏、治头痛的药用混合饮料。彭伯顿调制的“可卡可拉”，起初是不含气体的，饮用时兑上凉水，只因一次偶然的意外，才变成了如今的碳酸饮料。

一日下午，一个酒鬼跌跌撞撞地来到了彭伯顿的药店。“来一杯治疗头痛的药水可卡可拉。”

营业员本来应该到水龙头那儿去兑水，但他懒得走动，便就近把苏打水往可卡可拉里掺。

结果酒鬼居然挺喜欢喝，他喝了一杯又一杯，嘴里不停地说：“好喝！好喝！”酒鬼还到处宣传这种不含酒精的饮料所产生的奇效。

在约翰·彭伯顿去世前，他们把专利权出售。四十年后，世界上无人不知可乐。

人类社会的发展史，实际上就是一部创新史。人类起初仅仅是一种茹毛饮血的灵长类动物，生活在山洞中，跟自然界的其他动物一样，避免被凶禽猛兽追击的唯一办法就是跑，后来人类慢慢地发现棍子可以有效地保护自己，于是棍子就成了求生的工具。再后来发现将树枝削尖的攻击效果更好，于是就创新出带尖的棍子。之后又陆续制作了弓箭、矛等工具。随着人类的不断创新，人类社会陆续进入了石器时代、青铜时代、铁器时代，最终一步步发展到现代社会。

因此，创新存在于人类社会发展的每时每刻，没有创新人们仍将生活在风餐露宿的原始社会。没有创新就没有人类的发展，没有创新就没有社会的进步。每个人都具有思考能力，能认识和改造世界，创新就是基于旧的理论或基础，经过发展，创造出新的事物，因此说人人都有创新的潜在能力。

创新的社会学解释是人们为了发展需要，运用已知的信息和条件，突破常规，发现或产生某种新颖、独特的有价值的新事物、新思想的活动。

创新的本质是突破，即突破旧的思维定式，旧的常规戒律。创新活动的核心是“新”，是产品的结构、性能和外部特征的变革，或者是造型设计、内容的表现形式和手段的创造，或者是内容的丰富和完善。

经济学上，创新概念的起源为美籍经济学家熊彼特在1912年出版的《经济发展理论》。熊彼特在其著作中提出：创新是指把一种新的生产要素和生产条件的“新结合”引入生产体系。它包括五种情况：引入一种新产品，引入一种新的生产方法，开辟一个新的市场，获得原材料或半成品的一种新的供应来源，新的组织形式。

无论是从社会学还是经济学解释，那些鼓吹只有实现重大突破才叫创新的理念是错误的，突破性创新是非常困难的一件事，我们无须一味追求突破性创新来改变整个世界。创新更注重多层次、多维度，任何突破性创新都是建立在一个个微小创新的基础之上的。只有通过持续不断的小创新才能积少成多，从而实现突破性创新。三百六十行，行行出状元。一个人不论年龄、身份和教育背景如何，只要专于自己的本职，就能进行创新，为社会发展进步做出贡献。

创新其实很简单，并非一定要惊天动地，换一种方法、换一个角度看问题，我们都有可能点石成金。我们鼓励创新，更重要的是培养自己的创新意识、思维方式。创新就是突破，打破条条框框的束缚，就能实现创新。

第二节
创新的源动力

创新看起来简单，实则是一个复杂的心理和行为过程，在我们生活中人们往往容易忽略创新，但又处处离不开创新，那创新的驱动力是什么呢？或者说创新的源动力是什么呢？

关于这个问题，人们的争论很激烈，有人认为是竞争，有了竞争才有创新，无论是自然社会的竞争，还是人类社会的竞争，都是创新的驱动力；有的人认为是发展，人类社会的不断发展是产生创新的根源所在。

其实这两种观点都是合理的，但也都有其局限性。

有一次，一队人马进入沙漠探险，携带的水早已全部喝完。他们口干难忍，可就是找不到水源。

就在这时，他们发现一只狒狒。

队伍里有个人马上说道："我们有救了。"

大家都疑惑地看着他，问："为什么？"

"狒狒有一项特殊的能力，能依靠自己灵敏的嗅觉寻找到水源！"

"可是怎么能让它马上帮我们找到水源呢？"大家有点不知所措。

队伍里有个聪明人想出了一个办法：他给狒狒吃了很多盐。于是狒狒口渴极了，拼命奔向水源，人们跟着它，很快就找到了水源。

这是一个简单的创新小案例，食盐和沙漠中的水源，表面上看似乎没什么关联，但通过狒狒让它们建立了连接，从而找到水源。这是一个创新，但是用竞争或者发展的理论来解释该创新的驱动力，似乎有些牵强。

那创新的源动力是什么呢？用需求的理论来解释或许会更容易理解一些。这个案例尤为明显，对水的需求导致人们脑洞大开，打破传统的思维模式从而寻找到了水源。

现在人们比较接受的需求理论大概有两种：马斯洛的需求层次理论和麦克利兰的成就动机理论。

马斯洛认为，人的一切行为都由需求引起，而需求系统又包括五种由低级到高级的不同层次的需求：生理需求、安全需求、归属与爱的需求、尊重的需求、自我实现的需求。马斯洛的需求层次呈现出金字塔形的形状，在最底端是生理需求，在最顶端是自我实现需求。

麦克利兰注重研究人的高层次需求与社会性的动机，强调采用系统的、客观的、有效的方法进行研究，他认为人们的需求包括：成就需求（争取成功，希望做得最好的需求），权力需求（影响或控制他人且不受他人控制的需求），亲和需求（建立友好亲密的人际关系的需求，即寻求被他人喜爱和接纳的一种愿望）。

不管是何种理论的需求，概括起来说无非就是物质需求和精神需求两大类。

需求并不是一成不变的，而是一个动态的过程，随着时间和空间的改变而产生变化。同样的时间、同样的情境，不同的人需求是不一样的；而同一个人在不同的时间和不同的场景，需求也是不一样的。这个很容易理解，就如同我们在口渴时需要水，在饥饿时需要饭，在寒冷时需要衣服。

人们的需求不但是动态的，而且是不断发展的。原始人的需求是一个山洞、几片树叶，继而是衣服和茅草屋，然后又有了绫罗绸缎和更为舒适的房屋。正是人们不断发展的需求，才有了各种创新行为，从而推动了社会的发展和进步。所以创新的本质是不断地突破，从而更好地满足人们日益发展的物质和精神需求。简言之，创新就是更好地满足需求。

第三节
创新的表现形式

很久以来，人们忽略了去关注创新需要经历怎样的过程，很多人偏执地认为创新只是奇迹，可遇不可求，创新都是飞跃式的，没有什么“过程”可言。1935年，一位名叫卡尔·登克尔的德国心理学家，提出了“创新的本质就是解决问题”的结论。其实这一说法与上文我们提到的创新是为了更好地满足需求并不矛盾，因为解决问题的目的就是满足需求。

登克尔有一个重要的发现，头脑不会飞跃，解决问题并引导人类创新的是观察、评价和不断重复地试错。所以，创新绝大多数时间是循序渐进的，而不是感知上的骤变。人类历史上几乎所有的重大创新，都是很多人共同努力的结果，每一个创造者都创造出一点新东西，把创新往前推进一点，只不过有的创新比较微小没有引起人们的足够关注，有的创新则属于重大突破，是颠覆性创新。那些微小的创新往往不被历史铭记，但正是它们的存在，才让颠覆性创新成为可能。我们记住莱特兄弟发明了飞机，但没有人能记住那些飞机零件中的微小创新，如果没有那些创新，飞机只能是莱特兄弟想象中的空中楼阁。

既然创新是一个复杂的循序渐进的过程，那创新的表现形式又有哪些呢？大体来说创新的主要表现形式有两种，一种是优化，一种是替代。

所谓的优化就是循序渐进地创新，是局部性创新。所谓的替代则属于颠覆性创新，是整体创新。优化是渐进，替代是突破。

卡尔·登克尔提出过一个著名的“蜡烛问题”：一个房间里有一根蜡烛、一包火柴和一盒图钉。你怎样才能把蜡烛固定在门上，把它点亮，照亮房间呢？

绝大部分人选择了以下两个办法：第一个是先把蜡烛点燃，把蜡滴在门上，然后将蜡烛固定；第二个办法是用图钉把蜡烛固定在门上，然后点燃蜡烛。

然而，也有极少数人选择了另外一个办法，他们把图钉从盒子里倒出来，然后用图钉把盒子固定在门上作为托板，再把蜡烛竖在盒子上并点燃。

通过事后的调查，想出第三个方法的人一般都会想到前两个办法，他们在想到了前两个办法后并没有停止思考，他们会继续寻找一个更加稳定、更加合理的方案，于是想到了先固定图钉盒的方案。

这是一个典型的优化式创新，经过对前两个方案的分析后进行进一步的优化，从而找到了更为合理的解决方案。

世界上很多颠覆性创新实现了替代功能，让人们的生活发生了巨变，计算器替代了算盘，汽车替代了马车，手机替代了传呼机。

在电灯问世以前，人们普遍使用的照明工具是煤油灯或煤气灯。这种灯因燃烧煤油或煤气，有浓烈的黑烟和刺鼻的臭味，并且要经常添加燃料、擦洗灯罩，因而很不方便。更严重的是，这种灯很容易引起火灾，酿成大祸。于是，很多科学家想尽办法，想发明一种既安全又方便的灯具。

很多人都以为是爱迪生发明了电灯，实则不然。

早在1821年，英国的科学家戴维和法拉第就发明了一种叫电弧灯的电灯。这种电灯用炭棒作灯丝。它虽然能发出亮光，但是光线刺眼，耗电量大，寿命也不长，很不实用。

爱迪生就暗下决心，一定要发明一种比电弧灯更为实用的电灯，让千家万户都用得上，并于1878年9月开始了他的研究。

他的实验从研究灯丝的材料入手，用传统的炭条作灯丝，一通电灯丝就断了。用钌、铬等金属作灯丝，通电后，亮了片刻就被烧断。用白金丝作灯丝，效果也不理想。一次次的实验，一次次的失败。直到爱迪生发现了碳化竹丝，为此他试用了近1600种材料，试验了7000多次。

1879年10月，爱迪生研制成功，电灯被广泛应用，逐渐替代了原有的油灯和气灯。

电弧灯是一种颠覆性创新，爱迪生的电灯则属于优化性创新，由于其普适性，取得了替代的效果。

由此看来优化和替代也并不是完全孤立的，颠覆性的创新刚开始往往由于经济性、实用性等原因无法推广、普及，当优化的程度能让更多的人接受时，优化也能实现替代的功能。

第四节
创新思维养成

创新思维是一种以创新为目的，以创新成果为产出的系统的、复杂的思维过程，并不是一种单纯的思维方式。很多人一直有一个误解，盲目地认为创新思维是一种固有的思维方式。实则不然，创新思维不是方法论，没有固定的形式和方法，期望寻求一种万能的创新思维方式是不现实的。

创新思维的核心是新。创新思维能以独特新颖的视角解决问题，是一种突破常规思考模式解决问题的能力。

创新思维虽然没有固定的模式，但是有其独特的规律和特点。抓住这些规律和特点，往往能拓展创新的视角，从而加快创新的速度。

创新思维需要有充足的知识和技能储备。绝大部分创新都是集中于某一特定领域，如果没有该领域足够的专业知识和技能的积累是很难实现创新的，很难想象一个养鸡的能做出建筑上的创新。所谓术业有专攻，领域内的从业者更容易实现该领域的创新。我们都知道创新就是不断地打破，从而更好地满足需求，如果缺乏本领域内的知识和技能，如何打破旧体系？又如何能了解需求？创新又从何谈起？所以充足的知识和技能储备是实现创新的基础，缺乏这一基础，创新就是空谈，纯粹的思想家是不存在的。那些自以为是、自满自骄的人总是浮于表面，也只能夸夸其谈，不足以成事又何谈创新。所谓学海无涯，只有时刻保持一颗谦逊的心，不断求索，永远带着疑问去生活，才能实现更好的创新。

创新思维需要多观察、多思考、多联想。创新需要一颗不断求索的心，拘泥于眼前，不懂得深入思考，缺乏求索精神的人是无法实现创新的。只有多看、多想、多关联，才能实现创新，通过观察了解现状，通过思考发现不足、挖掘潜力、寻找机会，通过不断地联想建立通道寻求创新方案，从而实现创新。

创新思维需要借鉴与模仿。任何创新都不是凭空产生的，而是在原有的架构和体系之上进行进一步的优化或替代，所有的创新都是站在前人的肩膀上实现新的突破。前人栽树后人乘凉，从某种角度上来说确实有它的可取之处，要善于借鉴和模仿他人已经取得的创新成果，取其精华去其糟粕，以他人之长补己之短，从而实现更好的创新。

创新思维需要不断地重构。绝大多数创新不是一蹴而就马上实现的，而是打破、重构、再打破、再重构的过程。这就需要我们不断打破原有架构和体系进行重构，继而优化重新构建，是一个不断重构的过程。

创新思维需要克服思维惰性。我们不能否认人是有惰性的，我们每时每刻都在与惰性做斗争。同样，思维也是有惰性的，如果我们过于依赖旧的思维方式容易养成思维惰性，这种惰性一旦形成就会变成限制我们思维的枷锁，让我们很容易走进死胡同。很多时候，妨碍我们创新的不是能力不足、知识储备不够，而是我们陷入了思维惰性的泥潭。想要实现突破，打破思维惰性是必不可少的，通过寻求不同的方向跳出常规思维框架才能实现创新。

任何事物作为相对独立的系统而存在，但都是由相互联系、相互依存、相互制约的多层次、多方面的因素，按照一定结构组成的有机整体。创新也是如此，创新不是一个孤立的行为，创新思维也不是一种具体的思维方式或思维办法，而是一个系统的、多方位的、多层次的综合体。寻找与创新相互作用、相互制约、相互影响的因素，才能实现更好的创新。创新思维不是孤立的，更不是利用某一固定的思维方式，而应该是多维度、多视角思考方式的综合运用。

第二十二章

来自大自然的宝藏——仿生思维

大自然有多神秘？大自然给了我们什么启发？仿生思维能给我们带来什么？

人法地、地法天、天法道、道法自然。——老子

第一节 那些来自大自然的发明

据传，有一天鲁班接受了一项任务，需要建造一座大型宫殿。由于这座宫殿需要用

很多木料，他和其他工匠每天上山伐木。由于当时没有锯子，他们辛辛苦苦用斧头砍了一天也收获不了几根木头。

有一次鲁班在上山途中，不小心抓住一棵野草，手一下子被划破了。鲁班非常好奇，为什么一棵小草的叶子会如此锋利？于是他摘下了一片叶子仔细观察，发现叶子两边长着许多小细齿，用手轻轻一摸，这些小细齿非常锋利。

又有一天，鲁班看到一条蝗虫在草上啃食叶片，两排牙齿一开一合非常锋利，吃草速度也很快。这又引起了鲁班的好奇心，他抓住一只蝗虫，仔细观察蝗虫的两排牙齿，牙齿上同样排列着许多小细齿，蝗虫就是靠这些小细齿来咬断草叶的。

鲁班静下心来的时候，将那片叶子和蝗虫的牙齿联想到了一起，发现他们都有一个共同的特点，就是成齿状布局。这深深地触动了鲁班，他灵机一动，想出了一个好办法。鲁班将毛竹刻成一条带有许多小锯齿的竹条，然后和徒弟到小树上去做试验，正如他所预料，效果果然不错，竹片非常锋利。

然而随之而来的是新的烦恼，由于竹片相对来说硬度和耐磨性比较差，锯齿非常容易损坏，使用时间较短。于是，鲁班就想找硬度比较大的材料来替代竹片。

鲁班便求助于铁匠，他请铁匠帮忙制作铁质的锯齿。没过多久，锯齿制作完成，鲁班拿到树林里一试，效果真是不错，由于锯片经过打磨异常锋利，用很短的时间就可以锯倒一棵树，又快又省力。

鲁班充分借鉴了自然界树叶和蝗虫的牙齿，模仿并不断优化改进，发明了锯子，并被后人一直沿用至今。

自古以来，人们在适应大自然的同时也在不断模仿和改变自然，自然界就是人们各种发明创造最原始的灵感源泉。

我们都知道，自然的进化是一个优胜劣汰的过程。地球上各种生物经过无数年的演化能依然不被淘汰，充分地说明了它们都有其生存的独特本领。人类研究自然界不同生物的这些特殊本领，从中得到启发，通过模仿与借鉴完成了很多发明，为人类社会的发展做出了巨大的贡献。

我们通过模仿蒲公英种子飘落发明了降落伞，通过模仿蝙蝠用嘴发出超声波发明了雷达，模仿苍蝇的眼睛发明了照相机，模仿鸟类在空中的飞行发明了飞机，模仿鱼类在水里的游动发明了潜艇……这样的例子不胜枚举，在绝大部分人类的重大发明中，似乎都隐藏着诸多大自然的因素。

人类的生存离不开自然界，人类的科技发展也离不开自然界，人类历史的发展就是不断发现自然、适应自然、模仿自然、改变自然的一个过程。自然界的一草一木都有其存在的理由，都值得我们尊重与探索。我们不能过于被动地依赖于大自然，而是应该在保持与自然和谐的基础之上通过自己的主观能动性积极主动地认识和发挥大自然的潜力。

第二节
科学的本质

科学是什么？围绕这个问题，人们有各种各样对科学的解释，大家普遍认为科学是建立在可检验的解释之上，对客观事物的形式、组织等进行预测的有序知识系统，是已系统化和公式化了的知识。

我们都知道地球上存在一种生物叫作微生物，之所以叫微生物，是因为它们太小而不能随便被人们用肉眼看到。我们看不到并不意味着其不存在，微生物已经在地球上活动几十亿年了，要比人类的历史久远得多。但人类第一次真正发现它，仅是三百多年前的事。

第一个发现微生物的人叫列文虎克，他曾是荷兰某个小镇上的一位小商人，业余爱好磨制镜片。他磨制了很多镜片，还自己动手制作了一架能把原物放大二百多倍的简单显微镜。他就是用这架显微镜发现了许多微小的生物。这是人们第一次看到了微生物世界，在当时引起了极大的关注。微生物的发现对人类做出了卓越的贡献，尤其是在食品、药品方面。

微生物的发现仅仅有三百多年的历史，但人们利用微生物的历史却已经有几千年。

四千多年前，我国人民在夏朝时期就已经掌握了酿酒工艺，而酿酒技术就是利用微生物发酵得以实现的。所以微生物在被发现之前，我们的老祖宗就开始利用微生物技术了。所以说微生物的存在是一个基本事实，科学仅仅是发现并利用它。

同样，牛顿发现了万有引力，俄国著名的化学家门捷列夫发现了元素周期律，阿基米德发现了浮力定律，这些规律和知识是凭空出现的吗？当然不是，它们是一直存在的，只是我们用相应的手段找到了它们。

有人会说，人类可以发现自然规律也能改变自然规律。事实真的如此吗？

水往低处流，这是我们都耳熟能详的自然规律，抽水机的出现让很多人认为人类发明改变了自然规律。事实真的如此吗？当然不是。不知道大家想过没有，为什么水在太空中不向低处流？（当然太空中没有高低之分）那太空中的水会自然流动吗？当然不会。水往低处流的本质是什么？是水的重力作用，所以力才是水往低处流的根本原因。抽水机只不过是给了水另外一个足够克服其重力的力，所以改变了水流动的方向。你能说人改变了自然规律吗？

所以科学的本质是发现，就是发现大自然的规律。发明的本质是利用发现的规律进行重新组合，从而创造出满足人类需求的新技术、新事物、新概念、新方法、新技能。

大自然的规律和奥秘还有很多，我们利用科学技术发现的那些仅仅是其冰山一角，还有更多需要我们去探索、去了解。大自然就是一座天然的宝藏，我们发现得越多对人类社会的驱动力就会越大，人类社会发展也就越快。

第三节
道法自然的仿生思维

大自然与人类的联系如此之大，建立人与自然的仿生系统就成了科学家们亟须做的事情，仿生学在此背景下应运而生。

仿生学正式诞生于1960年9月。美国空军航空局在俄亥俄州的空军基地召开了第一次仿生学会议。会议讨论的中心议题是：分析生物系统所得到的概念能否用到人工制造的信息加工系统的设计上去。斯蒂尔把仿生学定义为“模仿生物原理来建造技术系统，或者使人造技术系统具有类似于生物特征的科学”。简言之，仿生学就是模仿生物的科学。

其实这样的解释或许会有些过于狭隘，从中国古代的哲学思想来看，仿生绝不仅仅是以自然界的生物为研究主体，而是整个大自然。

在老子的《道德经》里提出：“人法地，地法天，天法道，道法自然。”老子用顶真的文法，将天、地、人乃至整个宇宙的深层规律精辟涵括、阐述出来。“道法自然”揭示了整个宇宙的特性，囊括了天地间所有事物的根本属性，宇宙天地间万事万物均效法或遵循自然的规律。

如果说斯蒂尔的仿生学为狭义的话，老子的仿生学则为广义，适用的范围更广。

中国传承了数千年的中医就蕴藏着仿生的理念，中医将人体视为一个与外部自然环境相对应的人体小自然，将人体视为一个系统性的整体，通过局部与整体、局部与局部的相互作用来进行判定。

除了中医，人们在信息时代所依赖的互联网也是一种仿生的具体体现，包括最近被人们热议的元宇宙也与仿生割舍不开。不论是互联网生态还是元宇宙的概念，都是模仿现实生态的一种平行空间，都摆脱不了仿生的理念。

当然，仿生学是相关学科的科学家研究的内容。对于我们普通人来说，用仿生的思维方式去思考，能为我们带来另外一个视角，让我们更快速高效地发现问题、解决问题，从而助力我们创新。所谓思维的仿生就是学习、模仿大自然的现象和规律的一种思维方式。我们日常生活中充满了自然之美、模仿之美。

2008年北京奥运会是被全世界人民公认的奥运历史上最成功的奥运会之一，是让世界真正认识中国、了解中国的一次完美展现。北京奥运会的主场馆鸟巢也给世人留下了深刻的印象。鸟巢的设计者这样形容这一伟大建筑：那是一个用树枝般的钢网把一个可容纳10万人的体育场编织成的温馨鸟巢！用来孕育与呵护生命的“巢”，寄托着人类对未来的希望。

鸟巢的设计就是仿生思维的很好体现，呈现了自然之美，是人类学习自然、模仿自然的旷世之作。引导着人们用仿生思维创造生活中更多的美。

闻名于世的我国古代水利工程都江堰，位于四川省都江堰市城西，被誉为“独奇千古”的“镇川之宝”。秦国蜀郡太守李冰和他的儿子，总结了前人治水的失败经验，率领当地人民，主持修建了著名的都江堰水利工程。这项工程直到今天还在发挥着作用，被称为“活的水利博物馆”。

李冰父子通过鱼嘴堤分水、飞沙堰溢洪、宝瓶口引水，将逢雨必涝的西蜀平原，化作了水旱从人、不知饥馑的天府之国。

“深淘滩，低作堰”“乘势利导，因时制宜”“遇湾截角，逢正抽心”的设计理念也充分遵循了大自然的规律，顺应自然很好地解决了水灾的问题，其设计理念也是一种仿生思维的呈现。

“日出而作，日入而息”是我们都非常熟悉的养生之道，出自中国歌曲之祖——先秦《击壤歌》。《帝王世纪》记载：帝尧之世，天下大和，百姓无事。有八九十老人，击壤而歌。原文：日出而作，日入而息，凿井而饮，耕田而食。帝力于我何有哉！这也是一种最古朴的仿生哲学，体现了古人顺应自然的养生智慧。

“日出而作，日入而息”表面上看是太阳出来的时间开始耕作，太阳落下去的时间就要休息。实际上说的是白天劳作，晚上休息的自然规律，提醒人们不要熬夜，不要悖逆大自然的规律行事，包含着道法自然的大智慧。因为无论从天地阴阳转换，还是人体生物钟的规律来看，日出而作、日入而息都是顺应天时、道法自然的大智慧。

生活中有很多人不遵循自然规律，有的人白天睡觉，晚上熬夜，形成了昼夜颠倒的作息规律。这就是与自然规律作对，终归是要付出代价的。

由此看来，道法自然的仿生思维是我们日常生活的重要组成部分，是人们探索自然、发现自然、顺应自然、模仿自然的具体呈现。花不常好，月不常圆，草木枯荣皆自然，人生亦如此，成功切忌自满，低谷不要气馁，高峰与低谷都是自然现象。懂得顺应自然规律才是真正的智者。

后记

终于将自己多年来对思维的一些思考进行归纳、总结并付之于一书，兴奋了好一阵，有一种初为人父式的喜悦，更有一种高三学子静待高考成绩式的忐忑。兴奋的是，自己多年对于思维的一些想法和思考终将编纂出版；忐忑的是，毕竟个人水平所限，不知道能否为读者所接受。无论喜忧，愿与天下有识之士共同探讨、共同进步。

本书算不上什么鸿篇巨制，如一叶扁舟很可能湮没于茫茫书海之中，但毕竟是自己熬油点灯的心血之作，诚如自己的血脉骨肉，虽有千般不堪内心仍充满爱恋。爱并不是不能接受批评和不同意见，我深知百炼方得真金，故而非常乐于向每一位读者朋友请教、学习。

思维本就没有固定模式可循，渴望走捷径，想通过学习一种思维方式吃遍天下的想法是不现实的。思维是博弈的智慧，碰到南墙就要知道迂回，不懂得迂回就要承受头破血流的风险。

感谢所有亲朋好友的支持和包容；感谢培建兄、慎远兄、敬陶兄对本书的积极建言。

由于作者认知所限，书中难免有不足之处，祈求与各位读者朋友共同探讨并真诚希望批评指正。

ESSENCE OF THINKING

揭秘思维的困局与破局